"十三五"高等院校数字艺术精品课程规划教材

移动UI

设计实战

微课版

张磊 黄玮雯 / 主编

夏燕 / 副主编

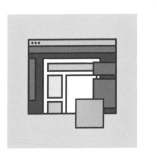

人民邮电出版社

北 京

图书在版编目（CIP）数据

移动UI设计实战：微课版 / 张磊，黄玮雯主编. --
北京：人民邮电出版社，2021.8（2022.5重印）
"十三五"高等院校数字艺术精品课程规划教材
ISBN 978-7-115-54672-2

Ⅰ. ①移… Ⅱ. ①张… ②黄… Ⅲ. ①移动终端－应
用程序－程序设计－高等学校－教材 Ⅳ. ①TN929.53

中国版本图书馆CIP数据核字(2020)第154002号

内 容 提 要

本书采用项目引入的方式，针对 iOS 系统和 Android 系统移动设备界面的结构及设计规范进行讲解。全书采用案例带动知识点的教学方式，将枯燥的知识点融入丰富有趣的案例制作中，全面解析移动端 App 界面设计的流程及设计技巧。书中案例使用 Adobe XD、Photoshop 和 PxCook 主流 UI 设计软件制作。

本书共 5 个项目。项目 1，移动 UI 设计基础；项目 2，掌握移动 UI 图标设计；项目 3，iOS 系统电子商务 App 界面设计；项目 4，iOS 系统美食 App 界面设计；项目 5，Android 系统创意家居 App 界面设计。

本书将提供全部案例的素材、源文件和教学视频，读者可以结合书、练习文件和教学视频，提高移动端 App UI 设计的学习效率。

本书适合 UI 设计爱好者、移动 UI 设计从业者阅读，也适合作为各院校相关设计专业的参考教材。

◆ 主　　编　张　磊　黄玮雯
　 副 主 编　夏　燕
　 责任编辑　刘　佳
　 责任印制　彭志环

◆ 人民邮电出版社出版发行　　北京市丰台区成寿寺路 11 号
　 邮编　100164　 电子邮件　315@ptpress.com.cn
　 网址　https://www.ptpress.com.cn
　 北京瑞禾彩色印刷有限公司印刷

◆ 开本：787×1092　1/16
　 印张：13　　　　　　　　　　2021 年 8 月第 1 版
　 字数：324 千字　　　　　　　2022 年 5 月北京第 2 次印刷

定价：69.80 元

读者服务热线：(010)81055256　印装质量热线：(010)81055316
反盗版热线：(010)81055315
广告经营许可证：京东市监广登字 20170147 号

前　言

随着科技的不断发展，各种通信和网络连接设备与大众生活的联系日益密切，手机功能也日益强大。手机的软件系统已成为用户直接操作的对象，它以美观实用、操作便捷为用户所青睐，进而促进了 UI 设计行业的兴盛，iOS 系统和 Android 系统就是手机软件系统中的佼佼者。

本书主要讲解在 iOS 和 Android 两种操作系统中设计制作 App UI 的相关知识，采用项目带入的方式，由浅入深地讲解初学者需要掌握的基础知识和操作技巧，全面解析各种元素的具体绘制方法。并将知识点融合在案例制作过程中，使读者能够轻松掌握。

内容安排

本书共 5 个项目，每个项目包含的主要内容如下。

项目 1　移动 UI 设计基础，包括熟悉移动 UI 设计、移动 UI 设计的平台分类、了解移动 UI 设计常用软件等内容。通过完成分析互联网产品的需求、设计互联网产品交互效果和设计互联网产品视觉效果 3 个任务，来帮助读者掌握移动 UI 设计基础知识。

项目 2　掌握移动 UI 图标设计，包括图标设计的必要性、了解图标栅格系统、图标组的制作流程和移动 UI 图标设计形式等内容。通过完成设计制作工具图标、设计制作装饰图标和设计制作启动图标 3 个任务，来帮助读者快速掌握移动 UI 图标设计。

项目 3　iOS 系统电子商务 App 界面设计，简单介绍了电子商务 App 项目，主要讲解了电子商务 App 草图制作、电子商务 App 界面色彩搭配、电子商务 App 界面页面元素分析、电子商务 App 界面设计、电子商务 App 交互设计、电子商务 App 界面的标注、电子商务 App 界面的适配等内容。

项目 4　iOS 系统美食 App 界面设计，简单介绍了美食 App 项目，主要讲解了美食 App 草图制作、美食 App 界面的色彩搭配、美食 App 界面的页面元素分析、美食 App 界面设计、美食 App 交互设计、美食 App 界面标注和美食 App 界面适配与切图等内容。

项目 5　Android 系统创意家居 App 界面设计，简单介绍了创意家居 App 项目，主要讲解了创意家居 App 草图制作、创意家居 App 界面的色彩搭配，创意家居 App 界面的页面元素分析、创意家居 App 界面设计、创意家居 App 交互设计、创意家居 App 界面标注和创意家居界面的切图与适配等内容。

本书根据读者对知识理解的不同程度，以实际工作中的工作流程为讲解过程，按照策划、配色、设计制作、标注、切图和适配的步骤进行讲解。真正做到为读者考虑，让不同程度的读者更有针对性地学习相关内容，并有效帮助 UI 设计爱好者提高操作速度与效率。

本书的知识结构清晰、内容有针对性、案例精美实用，适合大部分 UI 设计爱好者与各院校相关设计专业的学生阅读。随书附赠了书中所有案例的教学视频、素材和源文件，用于补充书中部分细节内容，方便读者学习和参考。

本书特点

本书采用项目引入的教学方式，向读者全面介绍了不同类型移动 UI 设计的相关知识和所需的操作技巧。本书的主要特点如下。

- **通俗易懂的语言**

本书采用通俗易懂的语言向读者全面介绍各种类型的 iOS 和 Android 系统界面设计所需的基础知识和操作技巧，确保读者能够理解并掌握相应的功能与操作。

- **基础知识与操作案例结合**

本书摒弃了传统教科书式的纯理论式教学，采用"理论知识 + 操作步骤"相结合的讲解模式。

- **新技术与软件**

本书的案例与目前行业使用软件一致，采用新的制作软件 Adobe XD 来完成移动 UI 的设计及原型的展示，使用 Photoshop 完成多个案例的制作，并使用 PxCook 完成标注和切图操作。

- **多媒体辅助学习**

为了增加读者的学习渠道，增强读者的学习兴趣，本书提供了本书中所有案例的相关素材、源文件和教学视频。读者可以参考本书案例实现相应的效果，并能够将所学知识与技巧快速应用于实际工作中。

致读者

本书适合UI设计爱好者、移动UI设计和欲进入UI设计领域的读者，以及设计专业院校的学生阅读，同时本书对专业设计人员也有很高的参考价值。希望本书能够帮助读者早日成为优秀的 UI 设计师。

本书由张磊、黄玮雯担任主编，夏燕担任副主编，长虹国际控股（香港）有限公司电商部视觉营销设计组设计经理张松参与编写。在写作过程中力求严谨，但由于作者水平有限，书中疏漏之处在所难免，望广大读者批评指正。

编 者

2021 年 5 月

目录

━━03━━

项目 3　iOS 系统电子商务 App 界面设计

目录

—04—

项目 4　iOS 系统美食 App 界面设计

—05—

项目 5　Android 系统创意家居 App 界面设计

项目 1

01

移动 UI 设计基础

▶ 项目介绍

　　移动 UI 设计可以理解为智能手机、平板电脑和智能穿戴等移动终端中软件的人机交互、操作逻辑、界面美观的整体设计。好的 UI 设计不仅可以让软件变得有个性、有品位，还会让软件的操作变得舒适、简单和灵活，能够充分体现软件的定位和特点。

　　本项目将针对移动 UI 设计中的基础知识进行讲解，帮助读者快速了解移动 UI 设计的基础知识。

1.1 熟悉移动 UI 设计

要想设计出好的移动 UI 作品，首先要了解 UI 设计的基础概念。了解了 UI 设计的基础概念，可以帮助设计师从本质上理解 UI 设计的内容和原理，充分展现设计师个人的设计理念，设计出更多既符合行业需求，又满足用户需求的作品。

1.1.1 了解 UI 设计

UI 即 User Interface 的简称。UI 设计则是指对软件的人机交互、操作逻辑和界面美观的整体设计。

UI 设计的范围很广，大到 Windows 操作系统，小到输入法软件，都会涉及 UI 设计。日常生活中常见的银行取款机界面和排队机界面也都属于 UI 设计范畴，如图 1-1 所示。

图 1-1　取款机和排队机

按照其职能划分，UI 设计可以分为图形设计、交互设计和用户测试/研究 3 个部分，如图 1-2 所示。

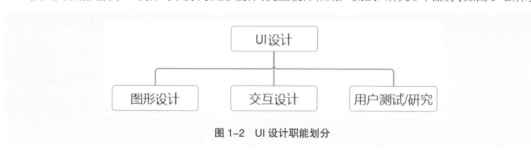

图 1-2　UI 设计职能划分

图形设计通常指的是软件产品的"外形"设计。

交互设计主要设计软件的操作流程、树状结构和操作规范等。通常一个软件产品在编码之前需要完成的就是交互设计，并确立交互模型和交互规范。

用户测试/研究则是指测试图形设计的美观性和交互设计的合理性，主要通过目标用户问卷调查的形式来衡量 UI 设计的合理性。

提示

　　如果没有对 UI 设计进行测试/研究，则 UI 设计的好坏只能凭借设计师或领导者个人的审美来评判，这样会给项目带来极大的风险。

1.1.2　了解移动 UI 设计

移动UI设计通常指的是智能手机、平板电脑和智能穿戴等移动设备中应用程序的UI设计，图1-3所示为常见的移动设备。

智能手机　　　　　　　　平板电脑　　　　　　　　智能手表

图 1-3　移动设备

移动设备中的应用程序就是指 App。App 是 Application 的缩写，主要指安装在智能手机上的软件，用来完善原始系统的不足并展现个性化，为用户提供更丰富的使用体验，图 1-4 所示为淘宝 App 和交管 12123App 首页效果。

图 1-4　淘宝 App 和交管 12123 App 首页效果

用户在选择移动端软件时，通常会选择界面视觉效果良好并具有良好体验的应用软件。目前市面上的移动应用软件非常多，但这些软件良莠不齐，界面各异。如何满足用户要求，如何使自己的软件盈利，都是设计师需要考虑的内容。

1.1.3 移动 UI 与平面 UI

平面 UI 设计的范围非常广，包括绝大多数的 UI 领域。而移动 UI 设计主要涉及智能手机、平板电脑和智能穿戴设备的客户端。从设计的角度来说，二者在屏幕尺寸、设计规范和 UI 交互操作上都有很大的不同。

● 屏幕尺寸不同

移动设备的屏幕一般都比较小，又受到不同系统的限制，因此每一个页面中所容纳的内容较少，需要通过多层级的方式扩充内容。而平面 UI 则没有这个顾虑，每一页中都要尽量多放内容，从而减少层级。

例如，PC 端的淘宝店铺，整个页面尺寸较大，可摆放内容的空间也较大，用户只需要通过二级页面就可以看到想要的内容，如图 1-5 所示。

移动 UI 设计实战（微课版）

图 1-5　淘宝 PC 端页面

移动端的淘宝店铺层级较多，用户想要找到感兴趣的商品，往往需要一层一层地查找，如图 1-6 所示，点击了"天猫"栏目后只是进入了天猫页面。

图 1-6　淘宝移动端页面

● 设计规范不同

平面 UI 通常使用鼠标操作，而移动 UI 则使用手指点击操作。鼠标操作的精确度非常高，而手指操作的精确度则相对较低。因此平面 UI 的图标一般比较小，而移动 UI 的图标则要大很多，图 1-7 所示为微信 PC 端和移动手机端图标大小对比。

图 1-7　微信 PC 端和移动手机端图标大小对比

● UI 交互操作不同

平面 UI 中可以展现的 UI 交互操作更多，如单击、双击、按住、移入、移除、右击和滚轮等多种操作，而移动端的操作功能相对较少，只能实现点击、按住和滑动等操作。

例如，爱奇艺移动端视频，在视频界面左边上下滑动可以调整亮度，在右边上下滑动可以调整声音，在最下面左右滑动可以调整视频的进度，双击可以暂停播放，图 1-8 所示为爱奇艺移动端 UI。

图 1-8　爱奇艺移动端 UI

PC 端的爱奇艺视频可通过单击、双击、右击和滚轮等进行多种操作，图 1-9 所示为爱奇艺 PC 端 UI。

图 1-9　爱奇艺 PC 端 UI

1.2 移动 UI 设计的平台分类

移动 UI 设计主要是为移动设备设计 UI，会受到移动设备所使用的不同系统的影响。目前智能手机和平板电脑的主流系统平台是 Android 系统和 iOS 系统，智能手表的系统平台是 Wear OS 系统和 Watch OS 系统。

1.2.1 Android 系统

Android 公司于 2003 年在美国加州成立，2005 年被 Google 公司收购。Android 是一种以 Linux 为基础的开放源码操作系统，主要应用于手持设备。2010 年年末的数据显示，仅正式推出两年的操作系统 Android 已经超越了塞班系统，一跃成为全球最受欢迎的智能手机操作系统。

Android 系统用甜点名称为系统的各个版本命名，从 Android 1.5 开始到 Android 9.0，命名版本的甜点依次为纸杯蛋糕、甜甜圈、松饼、冻酸奶、姜饼、蜂巢、果冻豆、奇巧巧克力、棒棒糖、棉花糖、牛轧糖、奥利奥、派。图 1-10 所示为"甜甜圈"版本和"姜饼"版本图标。

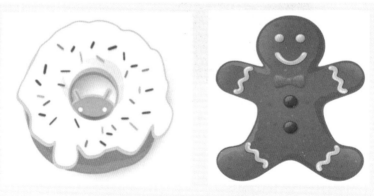

图 1-10 Android "甜甜圈" 版本和 "姜饼" 版本图标

相对于 iOS 系统来说，Android 系统具有系统开源、跨平台和应用丰富的特点。

● 系统开源

Android 系统的最底层使用 Linux 内核、GPL 许可证，也就意味着相关的代码是必须开源的。开源带来的是快速流行的能力与较低的学习成本。各个手机厂商无需自行开发手机操作系统，因此纷纷采用 Android 系统，甚至可以按照自己的目的进行深度定制。例如三星的 one UI 系统、小米的 MIUI 系统和锤子的 Smartison OS 系统，就是在 Android 系统的基础上改进而成，如图 1-11 所示。

one UI   MIUI   Smartison OS

图 1–11　Android 深度定制系统

　　开源促进了学习研究社区的迅速兴起，对于开发者来说，相比 iOS 系统，开源使得 Android 系统成为一个更适合研究与修改的系统，但不会受到不开源系统的限制。

　　开源带来的另一个极大的好处就是降低了手机厂商的成本。除去操作系统开发的高成本，Android 系统厂商的手机价格可以控制在很低的水平，或者在同样价位中相对 iOS 系统拥有更高端的硬件配置。因此在中低端市场，Android 系统有着绝对的统治地位，在高端市场也与 iOS 系统有一较之力。可以说是 Android 系统实现了普通消费者也能使用智能手机的梦想。

　　● 跨平台

　　由于使用 Java 进行开发，故 Android 系统继承了 Java 跨平台的优点。任何 Android 应用几乎无需任何修改就能运行于所有的 Android 设备之上。允许厂商将 Android 系统应用到各种各样的硬件设备中，不仅仅局限于手机、平板电脑和智能手表，电视和各种智能家居也都在使用 Android 系统。

　　跨平台也极大地方便了庞大的应用开发者群体。对同样的应用来说，不同的设备需编写不同的程序，这是一件极其浪费劳动力的事情，而 Android 系统的出现很好地改善了这一情况。Android 系统在系统运行库层实现了一个硬件抽象层，向上对开发者提供了硬件的抽象，从而实现跨平台，向下也极大地方便了 Android 系统向各式设备移植。

　　● 应用丰富

　　操作系统代表着一个完整的生态圈，一个孤零零的系统，即使设计得再好，没有丰富的应用支持，是很难大规模流行的。Android 系统由于其本身的特点和 Google 公司的大力推广，很快就吸引了开发者的注意。时至今日，Android 系统已经积累了相当多的应用，这些应用使得 Android 系统更加流行，从而也吸引更多的开发者开发出更多更好的应用，形成良性循环。

提示

　　Android 系统是拥有很多优点且被广泛使用的一款操作系统。在 Android 与 iOS "两雄逐鹿" 的今天，Android 系统可以说是能对抗 iOS 系统垄断的唯一系统。虽然 Android 系统仍然存在一些问题，但它的发展前景是绝对值得相信的。

1.2.2　iOS 系统

　　iOS 系统是由苹果公司开发的操作系统，目前主要应用在 iPhone、iPod touch 和 iPad 设备上。

它以 Darwin 为根底，最初被命名为 iPhone OS，直到在 2010 年 6 月 7 日的苹果全球开发者大会（Worldwide Developers Conference，WDC）上被宣布改名为 iOS。

从 2010 年开始，苹果公司逐步完善并发布 iOS 系统。至 2019 年，最新的 iOS 系统版本为 iOS 12，图 1-12 所示为 iOS 6 和 iOS 12 的界面效果。

图 1-12　iOS 6 和 iOS 12 界面效果

相对于 Android 系统来说，iOS 系统具有稳定性较高、安全性高、整合度高和应用质量高的特点。

● 稳定性较高

iOS 系统是一个完全封闭的系统，不开源，但是这个系统有着严格的管理体系和评审规则。由于 iOS 系统闭源，更多的系统进程都在苹果公司的掌控之中，因此系统运行较为流畅、稳定，不会出现 Android 系统那样后台程序繁多并影响系统响应速度的现象。

● 安全性高

对于用户来说，移动设备的信息安全具有十分重要的意义。例如企业和客户信息、个人照片、银行信息或者地址等，都必须保证其安全。苹果公司对 iOS 系统采取了封闭的措施，并建立了完整的开发者认证和应用审核机制，因而恶意程序基本上没有"登台亮相"的机会。

iOS 设备使用严格的安全技术和功能，并且使用起来十分方便。iOS 设备上的许多安全功能都是默认的，无需对其进行大量的设置。某些关键性功能，比如设备加密功能，则是不允许配置的，这样就避免出现用户意外关闭这项安全功能的情况。

● 整合度高

iOS 系统的软件与硬件的整合度相当高，这使其分化大大降低，在这方面要远胜于碎片化严重的 Android 系统。这样也增加了整个系统的稳定性，经常使用 iPhone 的用户也能发现，手机很少出现死机、无响应的情况。

● 应用质量高

作为目前最为流行的手机操作系统之一，iOS 系统与 Android 系统一样，也拥有大量的用户及开发人员。但由于 iOS 系统的封闭性和严格的审查制度，iOS 系统中的应用相对于 Android 系统来说，无论是从界面设计还是操作流畅度来说，质量都会高一些。

1.2.3　Wear OS 系统和 Watch OS 系统

　　Google 公司与苹果公司在智能手机市场中一直是分庭抗礼的。随着智能穿戴设备的兴起，分别由两家公司开发的 Wear OS 系统和 Watch OS 系统也走进大众的视野。

● Wear OS 系统

　　Wear OS 系统是 Android 系统的一个分支版本，专为智能手表等可穿戴智能设备设计，首个预览版公布于 2014 年 3 月，图 1-13 所示为 Google 智能手表。

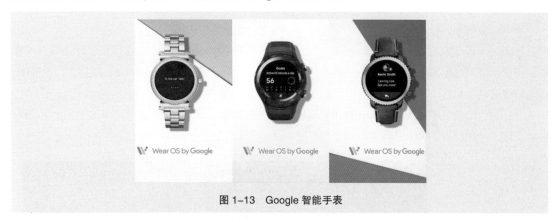

图 1-13　Google 智能手表

　　Wear OS 系统支持数字助理、传感器等功能，现有众多芯片和设备合作伙伴，包括华硕、华为、三星、Intel、索尼、LG、摩托罗拉、HTC、联发科、博通、高通和 MIPS 等，其手表产品超过 50 款。

● Watch OS 系统

　　Watch OS 系统是苹果公司基于 iOS 系统开发的一套使用于 Apple Watch 的手表操作系统。在 2014 年 9 月的 iPhone 6 发布会上，苹果公司带来了其全新产品 Apple Watch，Apple Watch 运行基于 iOS 的 Watch OS 操作系统。图 1-14 所示为苹果智能手表。

图 1-14　苹果智能手表

Watch OS 5 给用户带来了更丰富的健康、健身功能，以及更强大的 Siri 和更广泛的第三方 App 支持功能。

1.3 了解移动 UI 设计常用软件

在移动 UI 设计过程中，会使用很多软件帮助设计师完成原型设计、界面设计、交互动效设计以及设计稿输出等工作。下面针对常用的几款软件进行介绍。

1.3.1 Axure RP 和 Adobe XD

Axure RP 和 Adobe XD 都是原型设计软件。二者各有优缺点，用户可以根据个人的工作习惯选择使用。

● Axure RP

Axure RP 是美国 Axure Software Solution 公司开发的一款专业的快速原型设计工具，它能帮助负责定义需求和规格、设计功能和界面的专家快速创建应用软件或 Web 网站的线框图、流程图、原型和规格说明文档。

作为专业的原型设计工具，Axure RP 能快速、高效地创建原型，同时支持多人协作设计和版本控制管理。Axure RP 软件启动图标和工作界面如图 1-15 所示。

图 1-15　Axure RP 启动图标和工作界面

● Adobe XD

Adobe XD 是一站式 UX/UI 设计平台，在这款产品上面，用户可以进行移动应用和网页设计与原型制作。同时它也是唯一一款结合设计与建立原型功能并同时提供工业级性能的跨平台设计产品。

设计师使用 Adobe XD 可以更高效准确地完成静态编译或者框架图到交互原型的转变。其软件启动图标和工作界面如图 1-16 所示。

图 1-16　Adobe XD 启动图标和工作界面

1.3.2　Photoshop 和 Sketch

Photoshop 和 Sketch 都可以完成移动端 UI 的绘制，但在制作的难易度和输出便捷性上有很大的差别。

● Photoshop

Photoshop 主要处理由像素构成的数字图像。使用其众多的编修与绘图工具，可以有效地进行图片编辑工作。Photoshop 有很多功能，在图像、图形、文字、视频和出版等各领域都会有所涉及。

Photoshop 是 UI 设计中最常用的软件之一，在其最新版本中增强了对移动 UI 设计的支持，图 1-17 所示为 Photoshop CC 启动界面和工作界面。

图 1-17　Photoshop CC 启动界面和工作界面

● Sketch

Sketch 是一款适用于所有设计师的矢量绘图应用。矢量绘图也是目前进行网页、图标和界面设计的最好方式之一。除了矢量编辑的功能之外，Sketch 同样添加了一些基本的位图工具，比如模糊和色彩校正工具等。

Sketch 是为图标设计和界面设计而生的。Sketch 画布是无限大小的，每个图层都支持多种填充模式，它有最棒的文字渲染和文本式样，还有一些文件导出工具。图 1-18 所示为 Sketch 的图标和工作界面。

图 1-18　Sketch 的图标和工作界面

提示

　　Photoshop 既可以运行在 Windows 系统中，也可以运行在 Mac OS 系统中。而 Sketch 是 Mac OS 独占软件，该软件必须在 Mac OS 系统下才能安装并正常使用。

1.3.3　PxCook 和 Assistor PS

　　PxCook 和 Assistor PS 都是 UI 切图与标注工具软件。PxCook 是一个独立运行的软件，而 Assistor PS 虽然也可以独立运行，但需要与 Photoshop 一起配合使用。两个软件的操作方法也不相同，用户可以根据个人喜好进行选择。

● PxCook

　　PxCook 被称为"像素大厨"，其主要功能是帮助设计师完成设计稿的标注和切图工作。PxCook 可以对 Photoshop、Sketch 和 Adobe XD 完成的设计稿中的元素尺寸、元素距离进行标注，软件可以在 dp 和 px 之间快速随意转换，所有标尺数值都可以手动设置，用户可以根据自己的具体需求进行设置，以提高用户设计时的工作效率。

　　PxCook 软件同时兼容 Windows 系统和 Mac 系统，可以与 Photoshop、Sketch 和 Adobe XD 软件配合，完成精确的切图操作，图 1-19 所示为 PxCook 软件图标和工作界面。

图 1-19　PxCook 软件图标和工作界面

● Assistor PS

Assistor PS 是一个功能强大的 Photoshop 辅助工具，它可以完成切图，标注坐标、尺寸、文字样式注释和画参考线等功能，可以为设计师节省很多时间。Assistor PS 不是扩展插件，而是一款独立运行的软件。

Assistor PS 同时兼容 Windows 系统和 Mac 系统。在 Photoshop 中选择一个图层后，即可使用它的功能。图 1-20 所示为 Assistor PS 的启动界面和工作界面。

图 1-20　Assistor PS 的启动界面和工作界面

1.4　分析移动 App 的需求

要做出一款成功的移动 App，对其进行产品需求分析尤其重要。一个全面且正确的产品需求分析文档是产品能够成功的首要条件。

1.4.1　知识链接——移动 App 设计流程

UI 设计只是移动 App 设计中的一个步骤，要想更好地理解 UI 设计的工作流程，必须先了解移动 App 设计阶段的工作流程。按照移动 App 设计的先后顺序，设计流程可以分为需求分析、交互设计、视觉设计、开发测试和运营 5 个步骤，如图 1-21 所示。

需求分析　▶　交互设计　▶　视觉设计　▶　开发测试　▶　运营

图 1-21　移动 App 设计流程

需求分析是一个"烧脑"的工作阶段，这个阶段需要产品经理、交互设计师，以及公司市场、运营等各个部门的人员参与，做大量的研究和提炼工作。一般通过用户分析、需求整理、竞品分析、核心流程设计、技术分析、市场分析等几个步骤，最终梳理出需求分析规划，图 1-22 所示为需求分析的主要步骤。

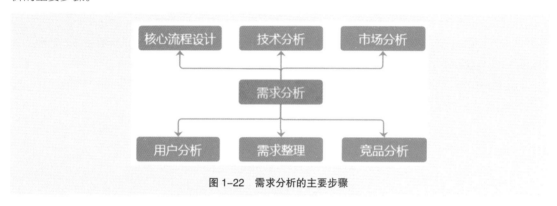

图 1-22　需求分析的主要步骤

1.4.2　技术引入——了解移动 App 职业划分

　　移动 App 团队指的是围绕一个产品打造的，并以设计开发完成该产品为目标的团队。团队按照其工作职能可以分为高管、用户调研、产品经理、交互设计、视觉设计、前端开发、后端开发、测试和运营。图 1-23 所示为移动 App 项目开发过程中不同职位的参与顺序。

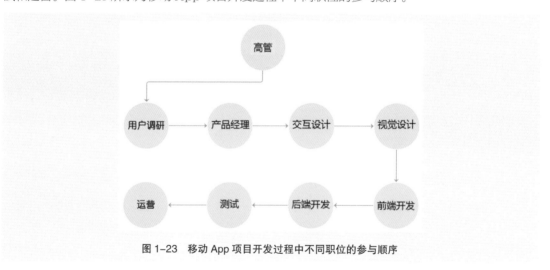

图 1-23　移动 App 项目开发过程中不同职位的参与顺序

提示
　　移动 App 有可能是移动端，还有可能是 PC 端，也可能同时开展多个产品线。

　　在这些职位中，产品经理、项目经理、页面设计师和开发人员与 UI 设计人员会有直接接触，下面详细介绍各个职位的工作职能和工作技能。

●　产品经理

产品经理主要负责细化产品逻辑和制作产品原型图。原型图用于向老板或客户汇报工作，并交付设计师和开发人员。

产品经理首先的职责是在产品策划阶段向管理层提出产品文档建议。产品文档通常包括产品的规划、市场分析、竞品分析、迭代规划等。在立项之后产品经理负责进度的把控、质量的把控和各个部门的协调工作。在产品管理中，产品经理是领头人、协调员和鼓动者，但并不是老板。

产品经理针对产品开发本身有很大的权力，可以对产品生命周期中的各阶段工作进行干预。从行政角度上讲，他并不像一般的经理那样会有自己的下属，但在实际工作中又需要调动很多资源来做事，因此如何做好这个角色是需要相当技巧的。

主要输出：产品需求文档、市场需求文档、原型图等。

使用软件：文档书写软件（Office）、原型图软件（Axure、Adobe XD 等）。

● 项目经理

从职业角度讲，项目经理是企业以项目经理责任制为核心，对项目实行质量、安全、进度、成本管理的责任保证体系和为全面提高项目管理水平而设立的重要管理岗位。

项目经理是为项目的成功策划和执行负总责的人。在很多公司里，这个职位由产品经理兼顾。项目经理负责进度的把控和项目问题的及时解决。

主要输出：项目进度表。

使用软件：文档书写软件（Office）。

● 页面设计师

页面设计师不仅仅要给产品原型上色，还要根据实际具象内容和具体交互修改产品版式，甚至重新定义产品交互等。同时还要为页面制作人员提供切图、说明文档、标注文件和设计稿。我们常常提到的美工、全链路设计师、全栈设计师、UI 设计师、视觉设计师等，都可以理解为页面设计师。

页面设计师接到原型图后，会根据原型图的内容来进行交互优化、排版、视觉设计。最终确认后交付开发人员。如果对接的项目是移动端项目的话，则需要交付给开发人员切图、标注文件和规范文件。

主要输出：设计稿、设计规范、切图文件和标注文件等。

使用软件：设计软件（Photoshop、Sketch 等）和切图标注软件（PxCook、Assistor PS 等）。

● 开发人员

按照工作分工，开发人员可以分为数据库端开发人员和用户端开发人员两种。页面设计师通常接触的是用户端开发人员，前端开发人员负责还原设计。做 PC 端的用户端开发工作的工程师叫作前端工程师，做 Android 设备开发工作的工程师叫作 Android 工程师，做苹果设备开发工作的工程师叫作 iOS 工程师。他们所做的是用户端的开发，用户端就是我们看到的一切界面。

移动端开发主要包括 Android 系统和 iOS 系统两种主流设备的开发，其开发使用的代码不一样，所以对有些特殊效果如动效、阴影等的支持有所不同。

Android 系统开发使用的软件：Android Studio、Xamarin 和 Unreal Engine 等。

iOS 系统开发使用的软件：CodeRunner、AppCode、Chocolat 和 Alcatraz 等。

1.4.3 实战案例——分析移动 App 需求

● 用户分析

规划产品的第一步工作就是用户分析，产品的一切都是建立在用户需求之上的，一个产品必须能满足用户需求才有其存在的价值。做用户分析的主要目的包括确定目标用户，详细了解用户的目的和行为、用户的问题、用户使用场景以及当前用户问题的解决方案等。用户分析的目的、方法举例和产出物如图 1-24 所示。

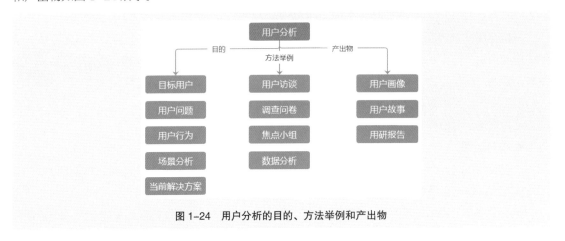

图 1-24　用户分析的目的、方法举例和产出物

　　用户分析其实很复杂，大公司会有专门的用户研究工程师来负责此项工作，但一般公司都是由产品经理或交互设计师来完成用户分析的，而且他们通常没有太多资源和时间去仔细做这项工作，但简化的用户分析也是有用的。用户分析最简单有效的方法就是做几次用户访谈，通过访谈可以了解足够多的内容，如果资源和条件足够，那么还可以使用调查问卷等常见的方法。

　　● 需求整理

　　需求整理之前需要做需求收集工作。收集的方式有很多种，如头脑风暴数据分析、思维导图、用户调研、竞品分析、个人经验等。

　　收集到一系列需求后，开始整理筛选，去掉不合理的需求后，按功能框架、用户量、使用频率、开发难度、用户习惯、商业价值和数据表现等方面分析、排序和分类。产出物一般就是需求池，需求池会伴随产品的整个生命周期，需要细致和认真地去维护。需求整理的方法和产出物如图 1-25 所示。

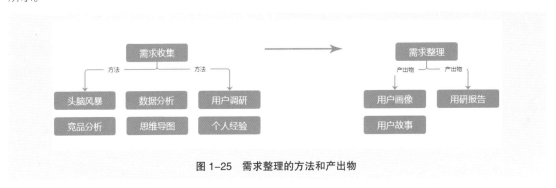

图 1-25　需求整理的方法和产出物

　　● 竞品分析

　　大多数产品都会有竞品，做好竞品分析能达到事半功倍的效果。产品层面的竞品分析就是从用户需求、产品功能、交互流程、视觉展示等方面进行分析和对比，总结出优劣势和机会等。

　　竞品分析不应包含市场格局、公司战略之类的内容，商业层面的竞争关系可以放在商业市场环节去分析。做竞品分析目的是了解竞品，更好地制定竞争方案，同时学习竞品优秀的地方，但不要完全照搬。竞品分析的产出物是竞品分析报告等文档，图 1-26 所示为竞品分析的目的、方法和产出物。

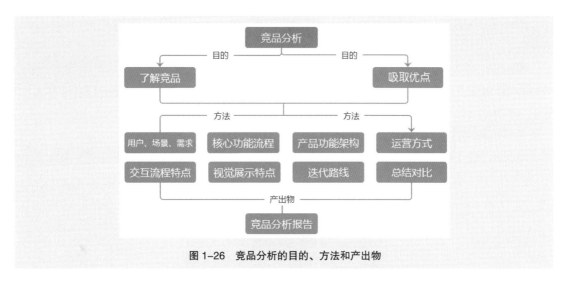

图 1-26　竞品分析的目的、方法和产出物

● 核心流程

产品需要满足最主要的用户需求，需求分析阶段需要团队成员明确核心流程、统一方向。核心流程中包含角色、任务、信息流向和时间阶段等几个关键点，产出物一般是泳道图，图 1-27 所示为核心流程的目的、分析角度和产出物。

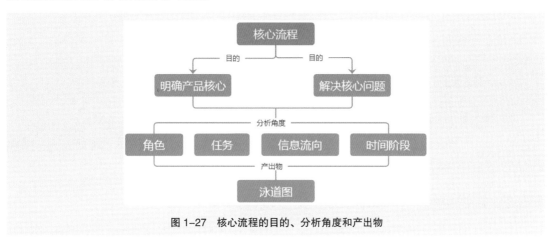

图 1-27　核心流程的目的、分析角度和产出物

● 技术分析

在核心流程制定后，产品设计人员要与技术负责人共同分析，了解研发成本。产品设计人员在设计流程阶段需要做很多讨论和评审工作，要尽量及时与技术负责人沟通，避免后期出现不必要的麻烦，图 1-28 所示为技术分析流程。

图 1-28　技术分析流程

● 市场分析

要做某一行业的产品，必须深入了解该行业，市场分析的目的是明确产品的商业价值，为高层

做决策提供参考依据，并获得人力、资金和资源支持等，市场决策一般都由老板决定，产品经理负责执行。

市场分析的角度很多，主要是了解行业、市场、竞争和用户等，预估成本和风险，不同的行业、公司的阶段侧重点不同，需要具体问题具体分析。产出物是商业需求文档和市场需求文档等，图1-29所示为市场分析的目的、分析角度和产出物。

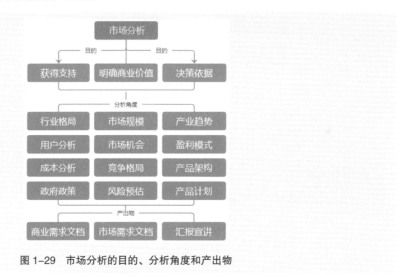

图1-29　市场分析的目的、分析角度和产出物

1.5　设计移动 App 交互效果

进入信息时代，多媒体的运用使得 UI 交互设计更加多元化，多学科、多角度的剖析使交互设计理论更加丰富。现在基于交互设计的移动 App 越来越多地投入市场，而很多新的移动 App 也大量吸收了交互设计的理论，使产品能够给用户带来更好的用户体验。

1.5.1　知识链接——移动 App 交互设计流程

将需求梳理好后，接下来就要开始进行交互设计了。交互设计阶段是产品成型的阶段，产品从抽象的需求转化成具象的界面，需要产品经理和交互设计师配合完成，当然这在大部分公司中都是由产品经理独立完成的。交互设计的工作流程如图1-30所示。

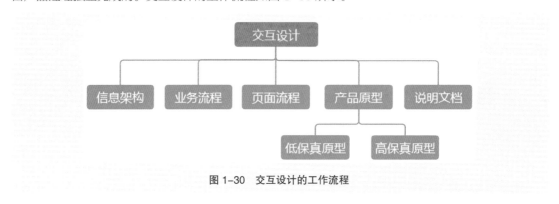

图1-30　交互设计的工作流程

1.5.2　技术引入——了解交互设计和交互设计师

交互,即交流互动。其实这个词离我们的日常生活很近,例如,我们在大街上遇到熟人会打个招呼,简单的几句话,再搭配上眼神和动作,就会向对方传递出礼貌、亲近等诸多含义,这就可以理解为人与人之间的交互。

那么人与机器之间的交互是什么样的呢?举个例子,如果你想解锁一个手机,那么你与手机的交互可能是下面这样的场景。

按手机上的 Home 键(嗨,手机,好久不见!)

手机屏幕亮了,但需要输入解锁密码(你好,是老王来了吗?)

输入密码(是的)

手机解锁成功,进入主界面

通过上面人与手机交互的场景,我们可以这样来理解交互:人和一个事物(包括人、机器、系统、环境等)发生的双向信息交流和互动,就是一种交互行为。

> **提示**
>
> 　　需要注意的是,这种交流和互动必须是双向的,如果只有一方的信息输出展示,而没有另一方的参与,那么只能是信息展示而不是交流互动。

图 1-31 是一款用户登录框的设计,当用户在登录框中输入的信息是正确或错误时,登录表单会给用户相应的反馈。特别是当用户输入的信息是错误信息时,会根据错误的类型给用户相应的信息提示,这种人与界面之间的信息交流,就是一个交互。

图 1-31　用户登录框交互界面

交互设计,又称为互动设计(Interaction Design, ID),是指设计人员与产品或服务互动的一种机制。交互设计用于定义与产品(软件、移动设备、人造环境、服务、可穿戴设备以及系统的组织结构等)在特定场景下的反应方式相关的界面,通过对界面和行为进行交互设计,可以让用户使用设置好的步骤来完成目标,这就是交互设计的目的。

从用户角度来讲,交互设计是一种如何让产品易用、有效且使人愉悦的技术,它致力于了解目标用户和他们的期望,了解用户在同产品交互时彼此的行为,了解人本身的心理和行为特点。同时还包括了解各种有效的交互方式,并对它们进行增强和扩充。交互设计还涉及多个学科,需要和交互设计领域人员进行沟通。

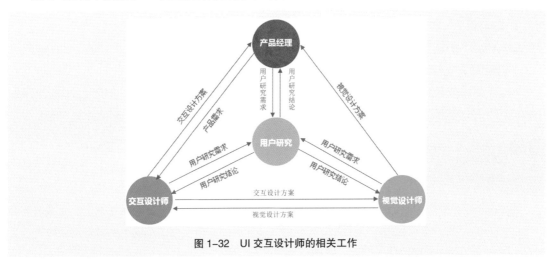

> **提 示**　本书介绍的是在互联网中的交互设计，主要是人与移动 App（网站、移动 App 和智能穿戴设备等）的交互行为的设计。

许多人理解的 UI 交互设计师的主要工作就是画流程图、线框图，其实这种理解非常片面，虽然流程图和线框图确实是 UI 交互设计的一种表现方式，但这种理解忽略了这些可视化产物之外，设计师所进行的思考工作。

图 1-32 简单描述了 UI 交互设计师的相关工作。

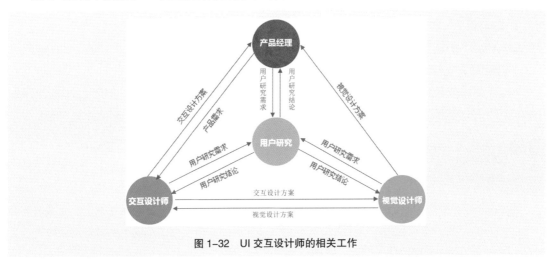

图 1-32　UI 交互设计师的相关工作

1.5.3　实战案例——分析移动 App 交互设计

● 信息架构

交互设计中的信息架构其实就是产品信息分类。即明确产品由哪些功能组成，将相关功能内容组织分类，明确逻辑关系，并平衡信息展现的深广度，引导用户寻找信息，图 1-33 所示为信息架构的目的、方法和产出物。

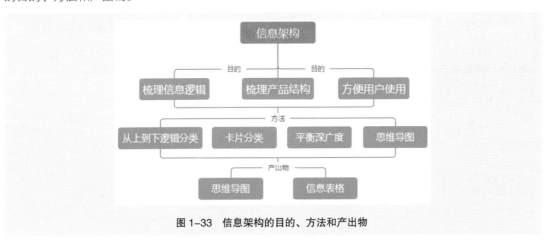

图 1-33　信息架构的目的、方法和产出物

在信息架构工作中要把导航规划好，最好的产出物就是一个思维导图的表格，图 1-34 所示为一款体育 App 产品的思维导图。

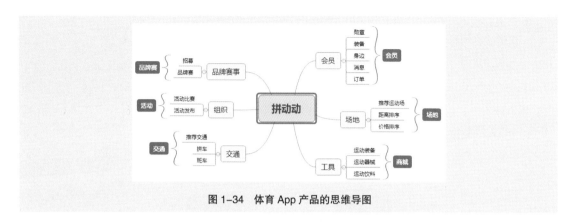

图 1-34 体育 App 产品的思维导图

● 业务流程

业务流程是一个产品功能设计的基础，确定了流程，后面的工作才能顺利进行，否则会出现产品功能实现摇摆不定、反复修改的状况。图 1-35 所示为业务流程的目的、分析角度和产出物。

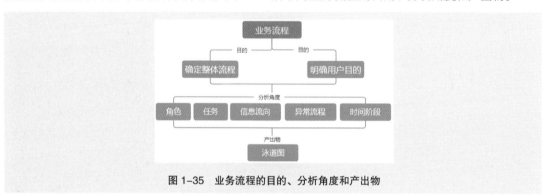

图 1-35 业务流程的目的、分析角度和产出物

确定好产品中的角色、角色的任务、阶段，按信息流向把流程绘制出来。一般绘制完业务流程，产品需求文档也就成型了，产品需求文档主要是给开发人员做参考依据的，因此只需把产品层面的逻辑表达清楚即可。

● 页面流程

页面流程是业务流程的延伸，要以以用户为中心的思路来整理，按用户使用页面的顺序进行组织，把页面结构和跳转逻辑梳理得更清楚，并确定每个页面的展现主题，图 1-36 所示为页面流程的目的、分析角度和产出物。

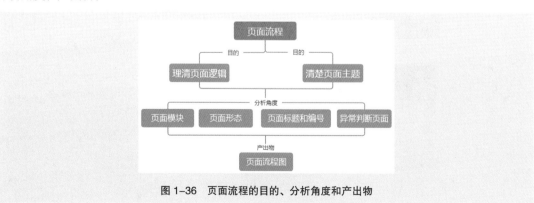

图 1-36 页面流程的目的、分析角度和产出物

● 产品原型

产品原型可以分为低保真原型和高保真原型，其目的和产出物如图 1-37 所示。

图 1-37　产品原型的目的和产出物

低保真原型就是验证交互思路的粗略展现，不需要在精细，因为在这个阶段会有很多更改，需要不断地评审和讨论。最好用纸和笔手绘，也可以用 Axure 或 Sketch 做一些简单的草图，还可以使用 Adobe XD 来做，图 1-38 所示为一款 App 的低保真原型。

图 1-38　低保真原型

高保真原型要将详细的页面控件、布局、内容、操作指示、转场动画、异常情况等都详细表达出来，给视觉和开发阶段的工作提供详细参考，图 1-39 所示为一款高保真原型。

图 1-39　高保真原型

高保真原型可以显著降低沟通成本，高保真的具体程度也要看团队习惯和时间，有的团队会无限接近视觉稿，模拟真实的产品交互操作，有的则以黑白灰为主，把交互细节都展现出来，特别需要颜色体现交互的地方才加一些颜色提示。

● 说明文档

此处的说明文档指的是交互说明文档。写交互说明文档要以开发为中心，使用开发人员能够理解的交互逻辑和规则。如果没有专门的交互说明文档，则一般会在原型旁边添加注释说明，从而把交互逻辑和交互规则表达清楚，图 1-40 所示为交互说明文档的目的、分析角度和产出物。

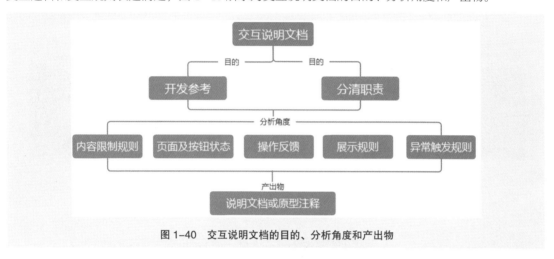

图 1-40　交互说明文档的目的、分析角度和产出物

1.6　设计移动 App 视觉效果

完成页面的交互设计后，接下来就要开始视觉设计了。视觉设计可以分为设计视觉概念稿、设计视觉设计图和标注切图 3 个步骤。

1.6.1　知识链接——移动 App 配色趋势

配色对于任何设计作品来说都很重要，尤其是移动 UI 视觉设计。好的配色是一个成功 App 视觉设计的基础。

在开始设计一款 App 界面时，第一步就是要根据产品所属的行业和受众群体来确定界面的主色，然后再根据主色，确定配色方案。

可以通过 App 所属的行业选择主色，因为每一种颜色都具有特定的心理效果和情感效果，会引起受众人群的各种感受和遐想。例如，看到绿色，人们就会想到教育和医疗行业。看到蓝色，人们就会想到科技行业。看到红色，人们就会想到食品和安全行业。设计师可以利用色彩意象来确定主色，如图 1-41 所示。

除了根据颜色本色的色彩意象来确定主色以外，设计师还可以通过 App 项目产品或者企业 Logo 的颜色来决定 App 界面的主色。

例如，中石油的 Logo 采用了红色和橘黄色两种颜色。因此，在设计与石油产业相关的 App 产品时，界面的主色就可以选择红色或者橘黄色，如图 1-42 所示。

<table>
<tr><td>绿色——教育行业</td><td>蓝色——科技行业</td><td>红色——食品行业</td></tr>
</table>

图 1-41　利用色彩意象确定主色

图 1-42　利用 Logo 确定主色

　　确定了页面的主色以后，就可以根据主色来选择辅助色、点缀色和文字色了。无论要选择哪种颜色，都可以遵循同色搭配、临色搭配和补色搭配的原则。

　　● 同色搭配

　　同色搭配是指使用降低了明度或者纯度的主色与主色搭配。例如，主色选择了蓝色，辅助色设置为浅蓝色，如图 1-43 所示，App 界面就采用了同色搭配方式。

　　这种搭配方式会使页面效果显得整洁，风格一致。同色搭配是入门级的色彩搭配方式。

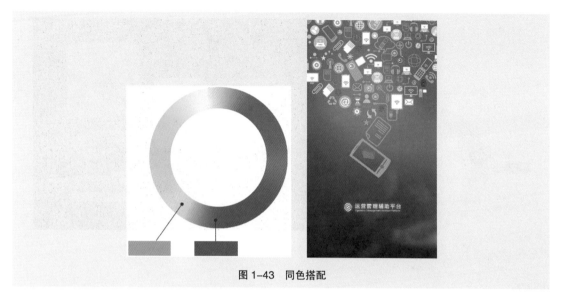

图 1-43　同色搭配

● 临色搭配

临色搭配指的是使用色谱环上和主色相邻的颜色与主色搭配。例如，主色选择了青色，辅助色设置为洋红色，如图 1-44 所示，App 界面就采用了临色搭配的方式。

这种搭配方式能够很好地凸显页面中的内容，使得页面对比强烈，主题突出。这种方式相对比较难操作，不考虑黑色和白色等中性色，建议搭配的颜色不要超过 3 种。

图 1-44　临色搭配

● 补色搭配

补色搭配指的是使用色谱环上主色对面的颜色与主色搭配，例如，主色选择了洋红色，辅助色设置为绿色，如图 1-45 所示，App 界面就采用了补色搭配的方式。

这种搭配方式可以很好地凸显重要内容。由于补色颜色对比比较强烈，因此在搭配使用时要适当降低颜色的纯度或者明度，在使用面积上也应适当减小，从而减轻给用户视觉带来的不适感。

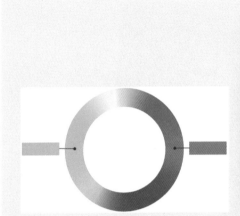

图 1-45　补色搭配

> **提 示**　配色的技巧很多，设计师不能局限于以上几种配色方式，可以在实际工作中不断实践，摸索出更多符合自己特色与风格的配色技巧。

1.6.2　技术引入——页面布局影响视觉效果

确定了界面的配色方案以后，设计师接下来要分析项目产品的信息，并梳理清楚产品信息架构，选择一种最好的方式来合理地呈现这些信息，从而体现产品的核心操作流程，这就是页面布局方式的设计。

页面布局的方式有很多种，如列表式布局、陈列馆式布局、宫格式布局、选项卡式布局和旋转木马式布局等。不同的布局方式能呈现不同的页面内容，给用户带来不同的视觉感受。由于篇幅的关系，本节只介绍常见的宫格式布局和列表式布局，其他的布局方式将在后面章节中与案例一起进行讲解。

● 宫格式布局

宫格式布局是将不同模块以块状宫格方式沿水平和竖直方向布局，可使产品的功能模块完全展示在用户面前，这种布局方式具有较好的延展性。

宫格式布局多以 3×3 的模块划分，每个模块多以"图标 + 文字"的形式展示，图 1-46 所示为芒果 TV 的界面。宫格式布局有时也呈现为卡片式宫格，图 1-47 所示为美图秀秀的界面。

图 1-46　芒果 TV 的界面　　　　图 1-47　美图秀秀的界面

这种布局方式使产品拥有较多的信息模块，每个模块都具有完整的体系或较深的层级，且模块与模块之间相互独立。通过标签或分页的形式划分不同宫格组，以区分产品功能模块，图 1-48 所示为支付宝界面分页划分宫格组。

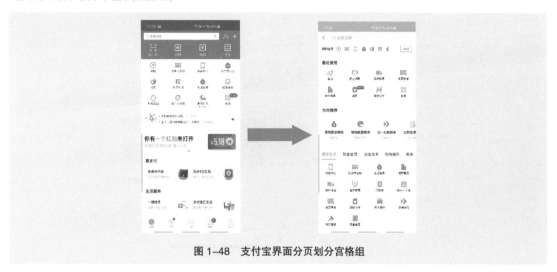

图 1-48　支付宝界面分页划分宫格组

项目 1　移动 UI 设计基础

提示

有时产品的功能较多，页面所展示的模块内容较多，因此一些产品也允许用户自行设置宫格所展示的内容。例如，支付宝就允许用户自行设置页面中显示的应用内容。

宫格式布局可以使用户直观地看到产品拥有的各种功能模块，且在使用过程中能够较为直接地进入某个功能模块，而不需要花费过多精力去寻找，因而效率较高。对于信息量较大且每个模块之间关联性较弱的产品，宫格式布局可以同时呈现出多个入口，延展性优秀，可以较好地拓展信息模块，便于产品迭代。

● 列表式布局

如果产品需要有大量信息或者功能展示，且在展示多个模块的同时还需要展示出每个模块的相应信息（如新闻类 App），并且需要以规整的方式呈现，此时就可以采用列表式布局方式。

列表式布局通常采用竖排列表和"图标 + 文字"的形式，用于展示同类型或者并列的元素，通过上下滑动可以查看更多列表内容，用户接受程度较高，同时视觉上也较为规整。

对于不同种类的信息，有时采用分页的形式进行区分，可同时在列表右边展示次级信息。图 1-49 所示为文字列表式。也可以采用"标题 + 图片"的形式显示列表，增加页面的可读性，如图 1-50 所示。

提示

以内容为主的产品列表多以"标题 + 图片 + 部分内容"的形式展示，同时对纯图片和视频的模块列表样式进行了区分。例如，在今日头条中，用户就可以看到更多的列表信息。

列表式布局可以使用户快速获取一定量的信息，方便决定是否点击进入更深的层级进行深度浏览或操作。用户可以在多类信息中进行筛选和对比，自主高效地选择自己想要的内容。

列表式布局信息展示的层级较为清晰，且可以灵活地通过不同形式进行展示。在展示主要信息的同时，还可以展示一定的次级信息，提醒和辅助用户理解，符合用户从上到下查看的视觉流程，排版也较为整齐，并且延展性强。

> **提 示**
> 丰富且华丽的布局固然重要，但要符合当前产品的特点和需求。无论采用何种布局方式，只要能将产品的内容和特点展示清楚即可。

图 1-49　文字列表式布局　　　　　　　　图 1-50　"标题 + 图片"的布局

1.6.3　实战案例——移动 App 的视觉设计流程

移动 App 视觉设计可以简单归纳为视觉设计概念稿、视觉设计设计图和标注切图 3 个步骤，下面逐一进行讲解。

1. 设计视觉概念稿

在开始正式的视觉设计之前，可以挑选几个典型的风格不同的页面设计稿，等客户或者领导确定视觉风格后，再进入下一步的工作，避免推翻重做的风险。

2. 设计视觉设计图

视觉设计是用户体验的一个重要组成部分，它给用户带来最直观的印象。视觉设计之后还需要建立标准控件库和页面元素集合等视觉规范，使团队的工作统一化、标准化。

3. 标注切图

视觉设计完成后，需要给设计稿做标注，方便前端工程师切图。标注的内容主要是边距、间距、控件长宽、控件颜色、背景颜色、字体、字号大小、字体颜色等，如图 1-51 所示。

图 1-51　设计稿标注

移动端的设计稿不仅需要标注，还需要切图，把页面控件拆分成小图片，方便开发实现。切图要注意不同的分辨率，例如iOS的切图就分为1倍图、2倍图和3倍图，以此来分别适应不同分辨率。图1-52所示为图标不同分辨率切图效果。

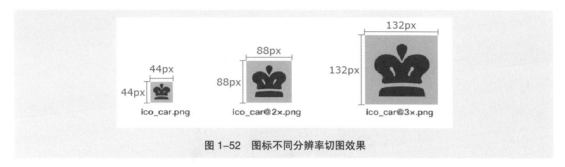

图 1-52　图标不同分辨率切图效果

切好的图片按照页面和模块名称或者以不同分辨率进行分类，放入不同文件夹中，如图1-53所示。

图 1-53　分组存放切图

1.7 ｜ 举一反三——移动 App 专属色彩的变更

万千种颜色赋予世界亿万光彩，同样，不同的颜色也会给 App 带来差异化的视觉体验。构成 App 视觉的三大要素为图形、品牌和颜色。颜色是品牌的基础，图形是品牌的升华。作为基础的颜色，往往会在最短时间内给用户带来最大的视觉冲击力，因此多数公司在 App 颜色选择方面会仔细斟酌。

互联网公司都在试图寻求能够代表自己产品的专属颜色，如微信的绿色、支付宝的蓝色、闲鱼的黄色、网易云音乐的红色和抖音的黑色等，如图1-54所示。

图 1-54　互联网公司 Logo 专属颜色

当 Logo 第一印象形成定格，此款 App 便会在用户心中烙下独特的印记。按照同色系将目前市面上主流 App 的 Logo 进行分类整理，如图 1-55 所示。不难发现，红色和蓝色已经成为互联网企业的最优选择。

图 1-55　互联网企业 Logo 颜色分类整理

由于红色的色彩意象为积极、热情，能够刺激用户产生消费欲望，因此电子商务类的 App 大多倾向于红色系，例如淘宝、天猫、京东、拼多多、小红书、蘑菇街和唯品会等的 Logo 均为红色系。

美团 App 最早的 Logo 颜色为绿色，随着逐步优化，其 Logo 颜色变成了鲜明的黄色，如图 1-56 所示。黄色作为暖色调中的主色调，相比起原本偏冷的薄荷绿，显得更加有温度，也更加符合美团生活服务平台的定位。

图 1-56　美团 Logo 颜色逐步优化

美团 Logo 变身暖色系，除去色调因素，也与其自身业务重心相关联。美团外卖在美团整个业务中占据了超高的比重，从 2019 年 5 月美团公布的 Q1 财报中看，美团外卖的营业收入贡献比例为 55.8%，虽处于餐饮淡季，但其依然占据了一半多的营业收入比。因此，选择印象更加深刻的外卖黄色统一品牌色，也很是合乎情理。不仅美团 Logo 颜色发生了改变，而且美团 App 页面的主题色也随之发生了改变，变成了图 1-57 所示的黄色。

图 1-57　美团 App 界面主题色变化

除了 App 页面之外，美团一系列周边业务都被黄色覆盖，线下的共享单车、共享充电宝、二维码支付牌和 POS 机等皆为黄色，如图 1-58 所示。

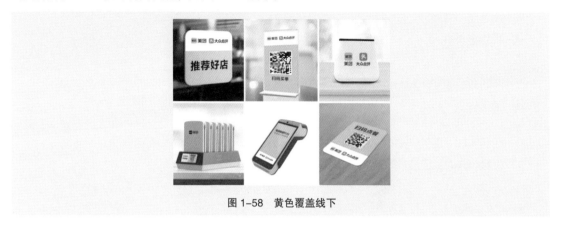

图 1-58 黄色覆盖线下

在拥有温度的颜色之中，除去鲜明的黄色之外，暖和的橙色也不失为另一种绝佳选择，口碑便选择了橙色。其极高的饱和度引人注目，温暖的色彩让人倍感亲切。同属于餐饮领域的美团与口碑，在 Logo 颜色上就充满了对比，如图 1-59 所示。

图 1-59 美团 Logo 颜色与口碑 Logo 颜色对比

在移动互联网高度发达的时代，为了能让自家 App 脱颖而出，挑选耳目一新的 Logo 颜色和页面颜色，成为品牌设计中极其重要的环节。

1.8 项目小结

本项目介绍了移动 UI 设计的相关基础知识，针对移动 UI 与平面 UI 的区别、移动 UI 设计的平台分类和移动 UI 设计常用软件进行讲解。通过完成分析移动 App 的需求、设计移动 App 交互效果和设计移动 App 视觉效果 3 个任务，帮助读者深刻体会移动 UI 设计的流程和要点。

1.9 课后测试

完成本项目内容的学习后，我们通过几道课后习题来测验一下读者学习移动 UI 设计基础的效果，同时加深对所学知识的理解。

1.9.1 选择题

1. 在下列 4 个选项中，不属于 UI 设计范围的是（   ）。

A. Windows 操作系统

B. 搜狗输入法

C. 王先生的着装

D. 银行取款机

2. 下面关于 UI 设计的论述中，正确的是（　　）。

A. 图形设计通常指的是软件产品的硬件设计

B. UI 设计按照其职能划分可以分为图形设计、交互设计和用户测试 / 研究 3 部分

C. UI 设计的好坏只能凭借设计师或领导的审美来评判

D. 用户测试 / 研究是测试 UI 设计的合理性和图形设计的美观性

3. 移动端的淘宝店铺层级较多，有（　　）个大的层级。

A. 1　　　　　　　　B. 3　　　　　　　　C. 6　　　　　　　　D. 5

4. 下列设备中，（　　）不属于移动端设备。

A. iPhone　　　　B. iWatch　　　　C. Mac　　　　D. 华为 P30

5. 下列选项中，主要用来标注设计文档的软件是（　　）。

A. Photoshop　　　B. PxCook　　　C. Assistor PS　　　D. Sketch

1.9.2　判断题

1. 平面 UI 中可以展现的 UI 交互操作习惯更多，如单击、双击、按住、移入、移除、右击和滚轮等多种操作；而移动端的功能相对较弱，只能实现点击、按住和滑动等操作。（　　）

2. 互联网产品视觉设计可以简单归纳为视觉设计概念稿、视觉设计设计图和标注切图 3 个步骤。（　　）

3. 在开始设计一款 App 界面时，第一步就是要根据产品所属的行业和受众群体来确定界面的主色，再根据主色，确定配色方案。（　　）

4. UI 交互设计师的主要工作就是画流程图和线框图。（　　）

5. 产品经理可以对产品生命周期中的各阶段工作进行干预。（　　）

1.9.3　创新题

根据本项目前面所学习和了解到的知识，设计制作一款养老产品的配色方案，具体要求和规范如下。

● 内容 / 题材 / 形式

以养老为题材的 App 产品。

● 设计要求

根据行业的特点，将 App 的主色、辅助色、文本色和强调色确定下来，并提供 2~3 种备选方案。

项目 2

02 掌握移动 UI 图标设计

▶ **项目介绍**

在移动 UI 的设计体系中，图标是最重要的组成部分之一，是任何 UI 设计中都不可或缺的视觉元素。了解图标相关的概念和设计制作方法，是 UI 设计入门的必备条件。

本项目将针对移动 UI 设计中的图标设计进行讲解，完成制作工具图标、装饰图标和启动图标 3 个任务，如图 2-1 所示。帮助读者快速掌握移动 UI 图标设计的方法和技巧，并能够将其熟练应用到移动 UI 设计之中。

图 2-1　完成图标效果

2.1　图标设计的必要性

随着互联网的飞速发展，智能手机等移动终端大量普及。App 作为移动终端系统重要的组成部分，已经和用户的生活紧密地结合在一起了。与此同时，越来越多的人开始重视 App 的 UI 设计与图标设计。

图标是一种图形化的标识，它有广义和狭义两种概念，广义的图标指的是所有现实中有明确指向含义的图形符号，狭义的图标主要是指在计算机设备界面中的图形符号。

　对于移动 UI 设计师而言，图标主要指的是狭义的概念，它是移动 UI 视觉组成的关键元素之一。

图标设计是视觉设计的重要组成部分，其基本功能在于提示信息与强调产品的重要特征，它以醒目的方式传达信息，从而让用户知道操作的重要性。

图标设计可以使产品的功能具象化，更容易被人理解。很多图标元素本身在生活中就经常见到，用户可以通过一个常见的事物理解抽象的产品功能，如图 2-2 所示。

图 2-2　更容易理解的图标

图标的使用可以使产品的人机界面更具吸引力,富含娱乐性。在设计一些特殊领域的图标时,可以使图标的设计风格更具娱乐性,在描述功能的同时吸引人们的注意力,并给人们留下深刻印象。某些特征明显、娱乐性强的图标设计往往能给用户留下深刻的印象,对产品的推广起到良好的作用。

美观的图标是一个优秀 UI 设计的基础。用户总是喜欢美观的产品,美观的产品会给用户留下良好的第一印象。在时下流行的智能终端上,产品的操作界面能体现产品个性化的美,并能强化产品装饰性的作用。图 2-3 所示为设计美观的图标。

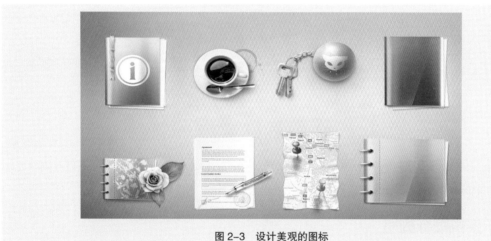

图 2-3　设计美观的图标

图标设计也是一种艺术创作,极具艺术美感的图标能够提升产品的品位。目前,图标设计已经成为企业视觉识别系统(Visual Identity, VI)中的一部分,在进行图标设计时,不但要强调图标的示意性,而且要强调产品的主题文化和品牌意识,这将图标设计提高到了一个前所未有的高度。

图标是产品风格的组成部分,采用不同的表现方法,可以使图标传达出不同的产品理念。设计师既可以选择使用简洁线条来表现简洁的产品概念,也可以使用写实的手法来表现产品的质感,凸出科技感和未来感。

2.2　了解图标栅格系统

图标的造型丰富多彩,我们可以把图标概括为 5 种基本型:圆形图标、正方形图标、横长形图标、竖长形图标和异形图标。为了确保所有图标在手机屏幕上显示的视觉大小一致,制定了图标栅格系统。

什么情况会导致实际尺寸下图形的视觉大小不一致呢?图形的形状不同、视觉张力不同,最终表现的视觉大小也不同。

例如，实际尺寸都为140px×140px的正方形和圆形，正方形看起来要比圆形大，如图2-4所示。

图2-4　图形视觉大小不一致

将正方形缩小，使正方形与圆形在视觉上看起来大小一致，如图2-5所示。

图2-5　图形视觉大小一致

两个图形的视觉大小是否一致，是由两个图形的面积是否相同决定的。也就是说只要能够保证两个图形的面积基本相同，就能保证两个图形的视觉大小基本一致。

2.2.1　系统图标栅格

系统图标的最大尺寸为44px×44px，而圆形又具有天然的收缩性，所以将圆形撑满整个网格，图2-6所示为系统图标的基本栅格。在撑满整个网格的情况下，圆形是在固定尺寸内的最大视觉大小。这样其他3种图标（正方形、横长形和竖长形图标）只需要适当缩小尺寸就可以和圆形图标保持视觉一致了。

整个栅格系统中的尺寸都是通过黄金比例互相联系的。图2-7所示为遵循图标栅格系统的图标。

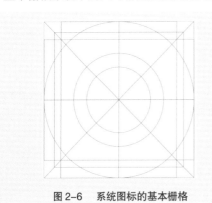

图2-6　系统图标的基本栅格

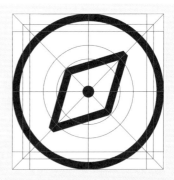

图2-7　遵循图标栅格系统的图标

提示　iOS系统中图标栅格系统中的尺寸不是随意制定的，它们都有着严格的比例关系。要遵循斐波那契螺旋线的规律。

2.2.2 不同造型图标的栅格规范

不同造型的图标有着不同的栅格规范，常见的图标造型有正方形、横长形、竖长形和异形。接下来针对不同造型图标的栅格规范进行讲解。

● 正方形图标

正方形图标经常出现在各种应用中。正方形图标在实际尺寸下比圆形图标多了4个尖角，为了和圆形图标在视觉上相统一，将正方形图标缩小。缩小后正方形图标的面积和圆形图标的面积基本一致，图2-8所示左侧为正方形图标栅格，右侧为正方形图标栅格与圆形图标栅格的重叠对比。

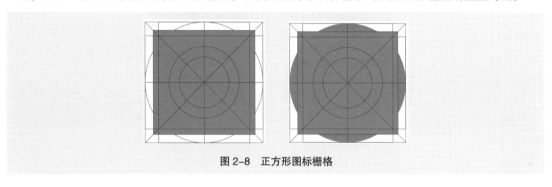

图2-8　正方形图标栅格

● 横长形图标

横长形图标也是会经常遇到的典型的图标形状。制定横长形图标栅格的原理跟正方形图标栅格一样，将圆形图标和横长形图标重叠在一起，然后适当压低高度，直到圆形图标和横长形图标的面积基本相同。图2-9所示左侧为横长形图标栅格，右侧是横长形图标栅格与圆形图标栅格的重叠对比。

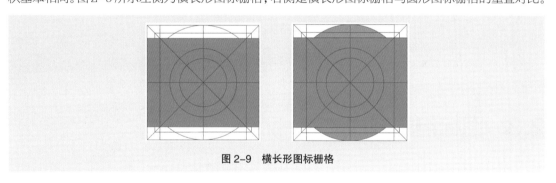

图2-9　横长形图标栅格

● 竖长形图标

竖长形图标栅格跟横长形图标栅格其实一样，即将将横长形图标栅格旋转90°。图2-10所示左侧为竖长形图标栅格，右侧是竖长形图标栅格与圆形图标栅格的重叠对比。

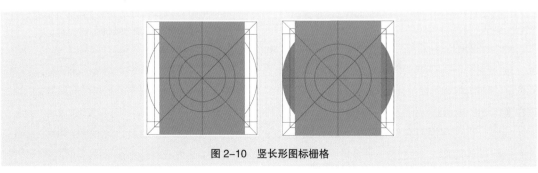

图2-10　竖长形图标栅格

● 异形图标

所谓的异形图标就是不能被简单归纳为几何图形的图标。异形图标使用基本栅格，根据图标的实际情况适当调整图标大小即可。图 2-11 所示左侧为异形图标栅格，右侧是异形图标栅格与圆形图标栅格的重叠对比。

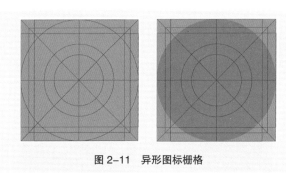

图 2-11　异形图标栅格

通过分析不同形状的图标，得出 iOS 系统的图标栅格系统，图 2-12 所示为 iOS 系统图标尺寸规格。

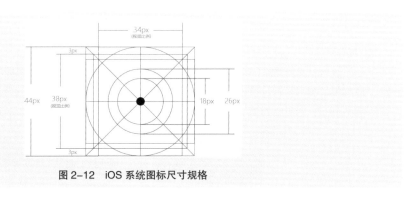

图 2-12　iOS 系统图标尺寸规格

2.3　图标组的制作流程

在实际的设计工作中，图标往往都是成套出现的。在掌握了设计制作单个图标的方法和技巧后，下面了解一下如何制作一个图标组。

> **提示**
> 无论是制作单个图标还是整个图标组，首先需要明确图标最终的输出要求，也就是说要知道设计出来的图标未来将应用到什么程序中。了解最终的输出目的，有利于设计者选择正确的尺寸、色彩模式和输出格式。

一个完整的图标组往往是由一个团队制作完成的。为了统一团队制作规范，避免出现制作效果不一致的现象，在开始制作前往往要通过文本的形式创建一个制作规范文档。在该文档中，以列表的形式将制作图标的设计内容、规格尺寸、图标风格、输出格式、制作流程和时间进度等信息罗列出来，并由全体团队成员签字确认。

创建一个制作规范文档有利于在设计制作过程中保持正确的方向和焦点，这是保证设计工作快速有效完成的前提。即使整个项目是由一个人独立完成的，也要在正式开始设计制作前制作一个规范文档。

2.3.1　创建制作清单

完成制作规范文档的创建后，就可以进入实质性的图标组制作过程了。在开始制作之前要将所有要制作的图标分类。按照图标的不同种类、不同制作方法、不同输出要求，将图标以表格的形式罗列出来。完成一个图标后即对照该表检查，将完成的图标标记，这样可以很好地跟踪整个项目的制作进度，记录制作过程中的技术细节。

提示

　　制作清单的使用可以使设计者将注意力很好地集中在创建图标上。同时在制作列表中可以随时查找到制作进度，并督促制作者坚持制作下去，直至完成所有案例。

2.3.2　绘制草图

草图对于图标设计来说尤其重要。在设计的最初阶段，设计者往往通过一个简单的线稿来获得灵感。尤其是在设计一些复杂风格的作品时，更需要使用草图将图标的概念以一种相对清晰简单的方式呈现出来。

可以使用铅笔在纸上绘制草图，也可以使用数字绘图板在计算机上绘制草图。绘制完成后将草图绘制或者打印到纸上，然后拿给身边的朋友或同事看，根据他们的反应做适当的修改。绘制时要将图标传达的寓意准确地表达出来，并以统一的风格将整个图标组中的所有图标草图绘制出来，如图 2-13 所示。初次绘制的草图也需要根据设计要求多次修改调整，直到图标组的寓意准确为止。

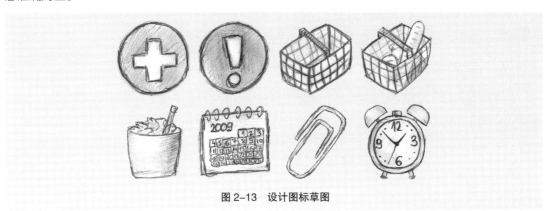

图 2-13　设计图标草图

2.3.3　数字呈现

草图绘制完成后，就可以使用计算机软件将其呈现出来了。常用的软件有 Adobe Photoshop、Adobe Illustrator、Adobe XD 和 Sketch 等。

提示

　　设备操作系统对图标的要求也不相同。在开始制作前可以下载一个模板，仔细研究后，再创建统一的尺寸和独有的色板，为制作图标做好准备。

在制作过程中要合理地利用计算机软件的各种功能，例如，合理利用符号和图案填充，存储通用的图层样式等。这样做既能提高工作效率，又能保证图标组中所有对象具有相同的效果，如图 2-14 所示。

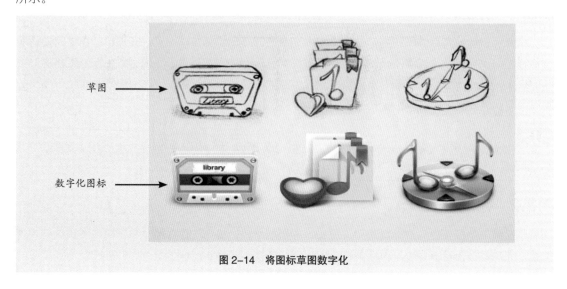

草图

数字化图标

图 2-14　将图标草图数字化

2.3.4　确定最终效果

绘制完成所有图标后，要针对一些共同的元素进行检查。例如，要检查图标尺寸是否正确、图标是否对齐、颜色是否匹配等。一旦所有的图标都完成了评审，就可以为整个图标组创建一个图标，开始图标的最终测试。

应用程序的开发成员可以临时使用一个简单的图标测试程序。但是要尽早地将图标应用到应用程序的测试环节，这样有利于发现图标的不足，获得更充足的改进时间。

2.3.5　命名并导出

完成图标设计后，要将它们保存。一个明确又容易理解的文件名不仅可以帮助用户快速找到图标，还可以帮助用户快速排列图标，方便检查浏览。而且，不同的操作平台有不同的图标命名习惯和文件夹结构。这些内容都应该在最初的规范文档中有所体现，避免由于混乱的命名造成不必要的麻烦。

提 示　为图标命名时，应尽可能地将图标的属性显示在文件中，例如，图标的尺寸就可以命名为 icon-256px. ico。同时，要将不同格式的图标放在不同的文件夹中，方便查找使用。

2.4　移动 UI 图标设计形式

移动 UI 图标的设计形式有很多，比较常见的有中文形式、英文形式、图形形式、数字和特殊符号形式等。不同的设计形式会使图标呈现出不同的美感，具有不同的吸引力。

2.4.1　中文形式

中文形式将中文作为图标的主体物，通常这类应用本身的品牌标志就使用了文字，所以在制作图标时把文字照搬过来即可，图 2-15 所示为使用了中文形式的图标。中文形式还分为单字形式、多字形式、字体加图形组合形式和字体加几何图形组合形式。

图 2-15　中文形式的图标

● 单字形式

单字形式通常是提取产品名称中最具代表性的独立文字进行字体设计。通过对笔画及整体骨架进行设计调整，以达到符合产品特性和视觉差异化的目的。拥有特征性的字体设计可以一目了然地传递产品信息，让用户在自己的手机桌面上能够快速找到应用，例如知乎和支付宝等应用就是单字形式的图标设计，如图 2-16 所示。

图 2-16　单字形式的图标

● 多字形式

多字形式设计通常将产品名称直接运用在设计中，如图 2-17 所示，有道、当当和小红书即为典型的多字形式设计。多字形式设计需要注意的是整体的协调性与可读性，一排出现两个汉字比较易读，极限值为 3 个汉字并排，两行为宜。

图 2-17　多字形式的图标

运用多字形式设计应用图标，对产品名称有一定的限制，产品名称以 2~4 个汉字为佳，超过 6 个汉字组合将会影响用户的识别能力。

● 字体加图形组合形式

为了突出产品特有的属性，字体加图形组合形式也是常用的设计方式之一。图 2-18 所示为今日头条采用字体和文章剪影图形组合营造出内容丰富的氛围，利用纸张折痕的效果突出文艺气质。

相比单纯的文字设计，适当辅助一些体现产品特性的图形，这种字体加图形形式可以更加灵活地突出产品的属性。

图 2-18　字体加图形组合形式的图标

几何图形的运用可以增加图标的形式感。例如，矩形与字体设计组合可以强调局部信息，圆润的形状可以使图标风格更加活泼有趣，三角形的运用也具有一定的引导性。图 2-19 所示为闪送和搜狐视频的图标。

图 2-19　字体加几何图形形式的图标

几何图形的运用可以增加应用图标的形式感和趣味性。但是，由于常用的几何图形形式单一，因此难以形成独有的视觉差异。

2.4.2　英文形式

英文形式和中文形式类似，分为单英文字母形式、多英文字母形式、字母加背景图案组合形式、字母加图形组合形式。

● 单英文字母形式

英文字母形式通常是提取产品名称的首字母进行设计，由于英文字母本身造型简单，因此将其结合产品特点进行创意加工，很容易达到美感和识别性兼备的效果，图 2-20 所示为抖音、WPS 和 Facebook 的图标设计。

图 2-20　单英文字母图标

设计师使用英文字母很容易设计出具备美感的应用图标。但是由于英文字母数量有限，故很容易创意雷同，视觉差异化很难保障。

● 多英文字母形式

多英文字母形式通常是产品名称全称或者由几个单词首字母组合而成，在国内也会以提取汉语拼音和拼音首字母等方式进行组合。在进行字母组合设计的时候，需要考虑组合字母的可识别性，单排字母 1~3 个为宜，字母越多，识别性越低。图 2-21 所示为多英文字母形式的图标。

图 2-21　多英文字母形式的图标

组合字母很容易形成独有的产品简称，方便用户记忆，但热门的组合字母容易雷同，对产品差异化形成挑战。

● 字母加背景图案组合形式

添加背景图案，结合字母设计组合进行图标设计，既可以增加应用图标的视觉层次感，又可以丰富视觉表现力。需要注意的是，对背景图案的色相和繁简度的处理，需要和字母设计形成强对比，使信息传达不受影响，图 2-22 所示为字母加背景图案组合形式的图标。

图 2-22　字母加背景图案组合形式的图标

● 字母加图形组合形式

字母加图形组合形式应用比较广泛，图形分为几何图形和从生活中提炼的图形。如图 2-23 所示，酷狗音乐图标就是结合圆形组合而成的；顺丰速运通过字母与图形进行创意加工，使应用图标视觉表现更加饱满；爱奇艺则是通过字母和图形组合，形成一个视觉表现饱满的图标效果。

图 2-23　字母加图形组合形式的图标

2.4.3　图形形式

对于一些偏工具性的图标，可以使用简单图形来传达应用的功能。图标的主体图形是一种经过高度抽象化的标识，其传达的是品牌性，而不是图形的含义。图形形式的图标通常用来制作功能图标，而不是启动图标，图 2-24 所示为采用了图形形式的图标。

图 2-24　图形形式的图标

2.4.4　数字和特殊符号形式

通常，我们对数字比较敏感，利用数字进行设计能使人感受到亲和力。数字的识别性很强，易于品牌传播和用户记忆，图 2-25 所示为数字图标设计。

特殊符号在应用图标的设计案例中相对较少，这种图标的针对性比较强，符号本身的含义会对产品属性有一定的限制。360 借条中的"¥"符号的变形设计可代表与钱财有关联的产品，无法运用在与此属性无关的产品上面，如图 2-26 所示。

图 2-25　数字图标　　　　　　图 2-26　特殊符号图标

2.5　设计制作工具图标

工具图标是移动 UI 设计中使用最频繁的图标类型，也是最常见的图标类型。每个工具图标都有明确的功能。

2.5.1　知识链接——工具图标的设计风格

工具图标常见的设计风格有线性风格、面性风格和混合风格，接下来逐一进行讲解。

● 线性风格图标

线性风格的图标是通过线条的描边轮廓勾勒出来的，这种样式的图标多使用纯色的闭合轮廓，

图 2-27 所示为一组线性风格的图标。

图 2-27　线性风格图标

线性风格的图标看似简单，但可以通过控制图标线条的轮廓、粗细和颜色，实现更多丰富的效果，图 2-28 所示为运用不同表现手法的线性风格图标。

图 2-28　运用不同表现手法的线性风格图标

● 面性风格图标

面性风格的图标使用对内容区域进行色彩填充的样式。在这类图标中，通常使用纯色进行填充。图 2-29 所示为一组面性风格的图标。

图 2-29　面性风格图标

面性风格图标的表现手法很多，除了纯色填充的方式以外，还有非常多的视觉表现手法，图 2-30 所示为扁平插画和渐变色彩的视觉表现效果。

图2-30 扁平插画和渐变色彩的视觉表现效果

● 混合风格图标

混合风格图标即将线性风格和面性风格组合起来，形成的一种既有线性描边轮廓、又有色彩填充区域的图标，其常见的表现手法如图2-31所示。

图2-31 混合风格图标的常见表现手法

2.5.2 技术引入——Android系统的图标分类和尺寸

1. Android系统图标分类

在Android系统中，图标按照功能可以分为启动图标、标签栏/系统通知图标和上下文图标3种。

● 启动图标

启动图标在主屏幕中代表某个应用，因为用户可以随意设置主屏幕的壁纸，所以设计师要确保启动图标在任何背景上都能清晰可见，启动图标如图2-32所示。

图2-32 启动图标

● 标签栏 / 系统通知图标

标签栏 / 系统通知图标是 Android 系统 App 中最常用到的图标，在操作栏、目录和通知消息中都会用到，覆盖的范围极其广泛，图 2-33 所示为标签栏 / 系统通知图标。

图 2-33　标签栏 / 系统通知图标

提 示

　　标签栏 / 系统通知图标的官方推荐设计风格是象形、平面、圆滑的弧线和尖锐的形状，并且不要有太多的细节。

如果图标比较细长，那么要向左或者向右旋转 45° 来填满圆形区域，同时图标颜色尽量使用中性色或者低明度、低饱和度的颜色，避免图标颜色过于鲜艳，以降低图标的视觉冲击力，图 2-34 所示为系统通知和标签栏图标。

47

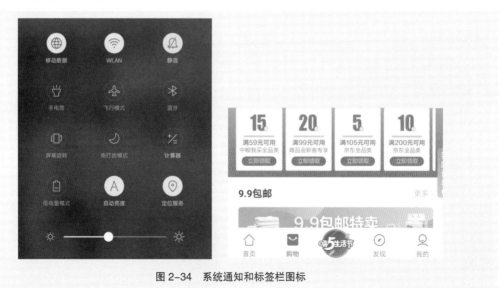

图 2-34　系统通知和标签栏图标

● 上下文图标

上下文图标一般出现在特定状态的地方，如图 2-35 所示。官方推荐上下文图标使用的风格是中性、平面和简单风格。

图 2-35　上下文图标

2. Android 系统图标尺寸

Android 系统设备屏幕尺寸很多，此处以 1080px×1920px 的屏幕分辨率为准来介绍图标的尺寸，表 2-1 所示为 Android 系统中启动图标、操作栏图标、上下文图标和系统通知图标的设计尺寸。

表 2-1　Android 系统图标尺寸

屏幕大小	启动图标	操作栏图标	上下文图标	系统通知图标
1080px×1920px	144px×144px	96px×96px	48px×48px	72px×72px

最初的 Android 系统图标的设计尺寸没有 iOS 系统图标的设计尺寸规范，但这也使 Android 系统的图标设计灵活性更强，可以发挥的空间更大。

但最新材料设计语言（Material Design，MD）规范上显示，启动图标可以是 512dp×512dp 或 256dp×256dp；移动端的启动图标是 128dp×128dp 或 64dp×64dp；移动端的操作栏图标是 32dp×32dp；通知图标可以是 24dp×24dp；小图标是 16dp×16dp。图标尺寸的大小对比如图 2-36 所示。

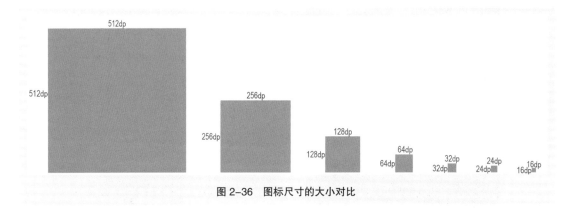

图 2-36　图标尺寸的大小对比

> **提示**
>
> Material Design 是由 Google 推出的全新设计语言。Google 表示，这种设计语言旨在为手机、平板电脑、台式机和其他平台提供更一致、更广泛的外观。

dp 是虚拟像素，在不同的像素密度的设备上会自动适配。dp 与像素可以按照下面的公式转换。

$$1dp × 像素密度 /160 = 实际像素数$$

例如，在 320px×480px 分辨率中，像素密度为 160，1dp=1px；

在 480px×800px 分辨率中，像素密度为 240，1dp=1.5px。

Android 应用在不同尺寸、不同分辨率大小的手机上运行时，一个 dp 值可以让 Android 系统自动挑选 Android 对应屏幕的尺寸资源。也就是说 dp 值可以通过某种途径，根据设备需求，得到相应的图片资源或者尺寸大小。

> **提示**
>
> 目前很多团队都使用 dp 单位，配合 Sketch 软件来设计移动界面，以便更加符合多种类型 Android 分辨率设备。

2.5.3 实战案例——设计制作产品工具图标

视频：视频 \ 项目 2\2.5.3.mp4　　　源文件：源文件 \ 项目 2\2.5.3.xd

● 案例分析

本案例将使用 Adobe XD 软件设计一款产品工具图标，采用面性设计风格。案例中将充分利用图形的"添加"和"减去"操作，以获得更丰富的图形效果。

设计完成后，通过"导出资源"对话框将图标导出为多个尺寸的图片素材，供不同屏幕尺寸的设备使用，完成的产品工具图标效果如图 2-37 所示。

图 2-37 产品工具图标效果

● 制作步骤

01 启动 Adobe XD，设置"自定义大小"参数为 96px×96px，单击自定义图标，新建一个图标文件，效果如图 2-38 所示。使用"矩形"工具在画布中绘制一个 82px×30px 的圆角矩形，圆角半径设置为 15，效果如图 2-39 所示。

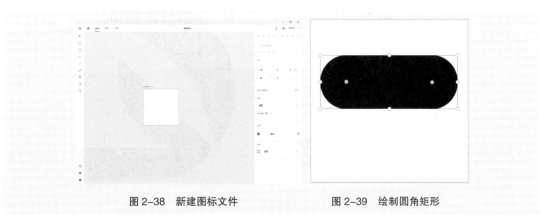

图 2-38 新建图标文件　　　　　　　图 2-39 绘制圆角矩形

02 使用"矩形"工具绘制图 2-40 所示的矩形。将圆角矩形和矩形同时选中,单击右侧面板中的"减去"按钮,得到图 2-41 所示的图形效果。

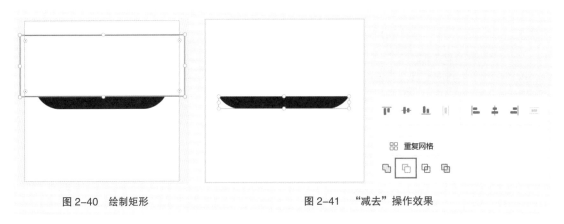

图 2-40　绘制矩形　　　　　　　　　　图 2-41　"减去"操作效果

03 使用"椭圆"工具绘制一个 40px × 40px 的圆形,效果如图 2-42 所示。使用"椭圆"工具绘制一个椭圆并旋转角度,移动到图 2-43 所示的位置。

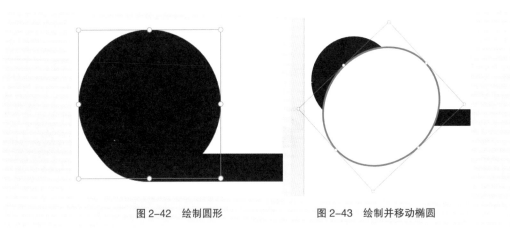

图 2-42　绘制圆形　　　　　　　　　　图 2-43　绘制并移动椭圆

04 将两个椭圆都选中,单击"减去"按钮,得到图 2-44 所示的图形效果。使用与步骤 03 相同的方法制作图 2-45 所示的图形效果。

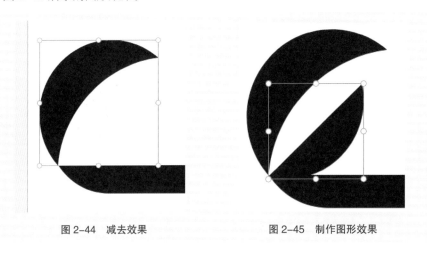

图 2-44　减去效果　　　　　　　　　　图 2-45　制作图形效果

05 按住键盘上的【Shift】键的同时，依次单击两个图形，将两个图形选中，如图 2-46 所示。按住键盘上的【Alt】键，同时水平向右拖曳，复制图形效果如图 2-47 所示。

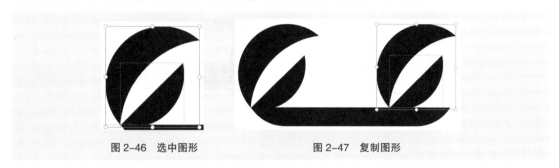

图 2-46　选中图形　　　　　　　　　　图 2-47　复制图形

06 单击右侧面板上的"水平翻转"按钮，图形效果如图 2-48 所示。

图 2-48　水平翻转图形

07 使用"椭圆"工具绘制图 2-49 所示的椭圆。双击椭圆进入编辑模式，在底部锚点上双击鼠标，效果如图 2-50 所示。

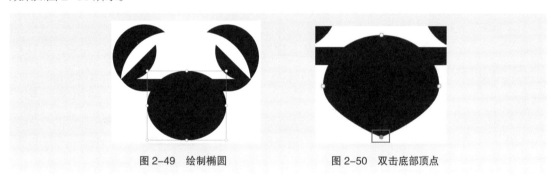

图 2-49　绘制椭圆　　　　　　　　　　图 2-50　双击底部顶点

08 单击右侧锚点，按住键盘上的【Alt】键的同时，拖曳下方控制轴到顶点上，效果如图 2-51 所示。使用相同方法调整左侧锚点，效果如图 2-52 所示。

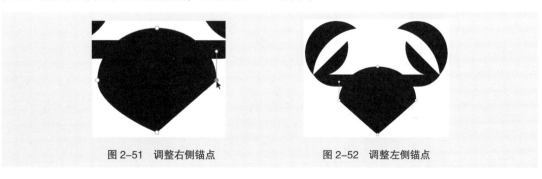

图 2-51　调整右侧锚点　　　　　　　　图 2-52　调整左侧锚点

09 使用"矩形"工具绘制一个 70px×4px 的矩形，效果如图 2-53 所示。双击矩形进入编辑模式，在图 2-54 右侧所示的位置单击添加锚点，并向右拖曳。

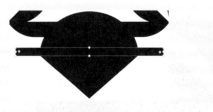

图 2-53　绘制矩形

图 2-54　添加锚点并向右拖曳

10 使用相同方法制作左侧效果，如图 2-55 所示。继续使用与步骤 09 相同的方法完成图 2-56 所示的图形制作。

图 2-55　制作左侧效果

图 2-56　用相同方法绘制图形

11 拖曳选中的所有图形，单击右侧面板上的"添加"按钮，将所有图形组合，效果如图 2-57 所示。在画板名称处双击鼠标，修改画板名称为"海鲜"，如图 2-58 所示。

图 2-57　添加图形

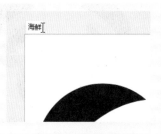

图 2-58　修改画板名称

12 在画板名称处单击鼠标左键，按住键盘上的【Alt】键的同时，向右拖曳复制画板，将画布上的图形删除后，绘制图 2-59 所示的图形效果。继续使用相同的方法完成图 2-60 所示的图形绘制。

图 2-59　绘制鲜花图形

图 2-60　绘制家禽图形

13 单击软件左上角的 ☰ 图标，选择"导出 > 所有画板"选项，弹出"导出资源"对话框，设置对话框中各项参数，如图 2-61 所示。单击"导出所有画板"按钮，将图标画板导出，导出效果如图 2-62 所示。

图 2-61 "导出资源"对话框　　　　　　图 2-62 图标导出效果

2.6 设计制作装饰图标

和工具图标相比，装饰图标的视觉效果要好很多。对于一些比较复杂的应用来说，简约设计并不能解决信息过多的问题，设计师要通过丰富视觉体验的方法来增加内容的观赏性，减少一屏内显示内容的数量。

例如，在分类列表里，可以只使用线框和文字把大量内容浓缩到一屏以内，但实际浏览效率并不会提高，而且视觉效果并不美观，如图 2-63 所示。

图 2-63 分类列表页

在当前的界面设计环境中，设计师会根据设计需求进行特殊化处理，尤其是在电子商务领域，第一屏的图标都会与首页设计风格保持一致，以增强首页营销活动的氛围，如图 2-64 所示。

图 2-64　电子商务页面中的装饰图标

2.6.1　知识链接——装饰图标设计风格

装饰图标以美观为基础，比较常见的有扁平风格图标、拟物风格图标、2.5D 风格图标、多彩风格图标和实物风格图标，下面逐一进行讲解。

● 扁平风格图标

扁平风格图标是使用扁平插画的方式绘制出来的图标。除了继承扁平的纯色填充特性以外，其相比普通图标有着更丰富的细节与趣味性，图 2-65 所示为一组扁平风格的图标。

图 2-65　扁平风格图标

● 拟物风格图标

拟物风格图标出现的频率越来越高，一般集中在大型的运营活动中，通常这些活动会通过拟物的方式将图标设计成具有故事性的场景，相关图标使用拟物的设计形式会更加贴合实际，图 2-66 所示为一组采用了拟物风格的书籍图标。

图 2-66　拟物风格图标

● 2.5D 风格图标

2.5D 风格是一种偏卡通、像素画风格的扁平设计类型，在一些非必要的设计环境中，使用 2.5D 风格比较容易搭配主流的界面设计风格,其有更强的趣味性和空间感,图2-67所示为一组采用了2.5D风格的手机图标。

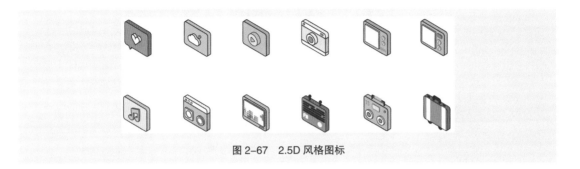

图 2-67　2.5D 风格图标

● 多彩风格图标

　　这种图标是通过一系列非常激进的渐变和撞色实现的，有时还会使用彩色的阴影。使用这种图标的页面，会呈现出五彩斑斓的效果。其只有在页面内容非常丰富且用户偏向年轻化的产品中才能使用，是一种非常难驾驭的设计风格，图 2-68 所示为一组采用了多彩风格的科技图标。

图 2-68　多彩风格图标

● 实物风格图标

　　实物风格图标通常使用真实物体作为图标的主体。虽然它不是完全依靠设计师创作和绘制出来的，但也需要设计师根据图标的功能来选择。此类风格的图标通常比较美观，立体感强，便于浏览者理解图标的功能，图 2-69 所示为一组采用了实物风格的中国风图标。

图 2-69　实物风格图标

2.6.2　技术引入——iOS 系统的图标尺寸

　　在 iOS 系统中，图标被应用到 App Store、应用程序、主屏幕、搜索、标签栏和工具栏 / 导航栏等位置，不同屏幕尺寸设备中图标的尺寸也不相同。表 2-2 所示为 iOS 系统不同尺寸屏幕中图标的规范尺寸。

表 2-2　iOS 系统图标规范尺寸

型号	iPhone 6P/7P/8P/X/11	iPhone 5/6/7/8	iPad mini
App Store	1024px×1024px	1024px×1024px	1024px×1024px
应用程序	180px×180px	120px×120px	90px×90px
主屏幕	114px×114px	114px×114px	72px×72px
搜索	87px×87px	58px×58px	50px×50px
标签栏	75px×75px	75px×75px	25px×25px
工具栏/导航栏	66px×66px	44px×44px	22px×22px

提示

　　除了尺寸外，一套 App 图标还应该具有相同的风格，包括造型规则、圆角大小、线框粗细、图形样式和个性细节等。

2.6.3　实战案例——设计制作饶舌音乐风格的装饰图标

视频：视频 \ 项目 2\2.6.3.mp4　　　　　　源文件：源文件 \ 项目 2\2.6.3.xd

● 案例分析

　　本案例将使用 Adobe XD 完成饶舌音乐风格装饰图标的设计制作。本案例采用扁平化风格，首先使用基本图形完成图标大致轮廓设计，再通过调整锚点获得精确图标轮廓，最后将完成的图标输入不同倍率的图片，以供不同分辨率屏幕使用，完成效果如图 2-70 所示。

custom - 1　　　custom - 1@2x　　　custom - 1@3x

图 2-70　iOS 系统饶舌音乐风格装饰图标

● 制作步骤

　　01 启动 Adobe XD，设置"自定义大小"参数为 60px×60px 后，单击自定义图标，如图 2-71 所示。新建一个图标文件，效果如图 2-72 所示。

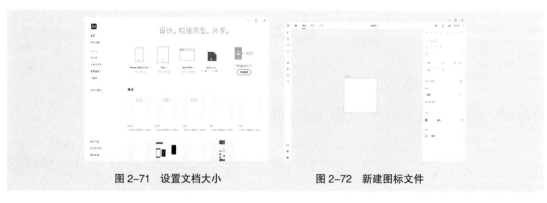

图 2-71　设置文档大小　　　　　　　　图 2-72　新建图标文件

02 新建一个 35px×35px 的矩形，"填充"颜色为 #FCE370，"边界"颜色为 #560000，效果如图 2-73 所示。双击矩形进入路径编辑模式，拖曳调整锚点得到图 2-74 所示的形状。

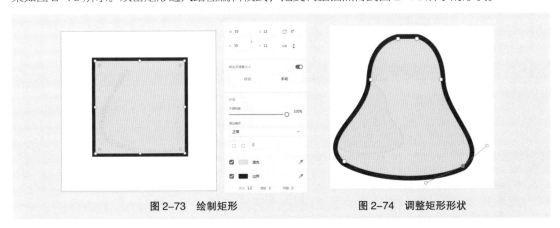

图 2-73　绘制矩形　　　　　　　　　　图 2-74　调整矩形形状

> **提示**
>
> 绘制图形完成后，双击图形即可再次编辑图形。在锚点上双击即可完成曲线锚点与直线锚点的转换。

03 创建一个 10px×10px 的椭圆形，效果如图 2-75 所示。将图形与椭圆形同时选中，单击右侧面板上的"添加"按钮，得到图 2-76 所示的效果。

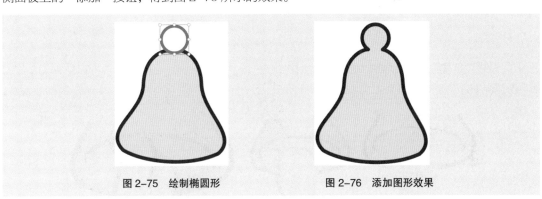

图 2-75　绘制椭圆形　　　　　　　　　　图 2-76　添加图形效果

04 继续使用"椭圆"工具绘制图 2-77 所示的椭圆。使用"钢笔"工具绘制图 2-78 所示的图形。将"边界"设置为无，"填充"颜色设置为 #F9BB79。

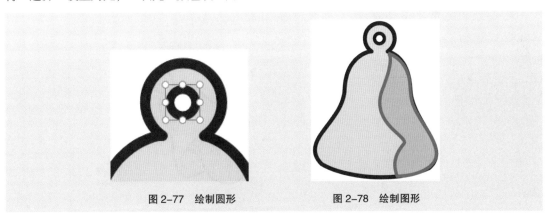

图 2-77　绘制圆形　　　　　　　　　　图 2-78　绘制图形

提 示 执行"添加"操作后,用户可以通过双击进入编辑模式,再次修改添加的图形,以获得更好的添加效果。

05 选中外轮廓图形,将"填充"颜色设置为无,然后将其置为顶层,效果如图 2-79 所示。使用"椭圆"工具绘制一个椭圆形,修改填充颜色为 #F9BB79,如图 2-80 所示。

图 2-79　调整图层顺序　　　　　　图 2-80　绘制椭圆

06 使用"钢笔"工具绘制图 2-81 所示的线条。设置"填充"颜色为 #FD8189,使用"钢笔"工具绘制图 2-82 所示的图形。

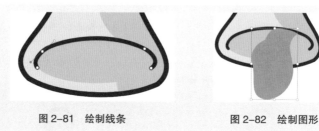

图 2-81　绘制线条　　　　　　图 2-82　绘制图形

07 设置"填充"颜色为 #FFBAC2,使用"钢笔"工具绘制图形。设置"填充"颜色为无,"边界"颜色为 #560000,大小为 1.2,如图 2-83 所示。使用"钢笔"工具绘制图 2-84 所示的路径效果。

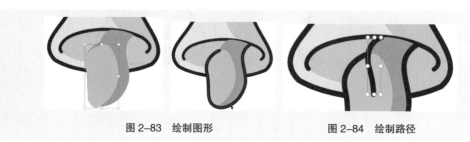

图 2-83　绘制图形　　　　　　图 2-84　绘制路径

08 拖曳选中的所有图形,单击鼠标右键,在弹出的快捷菜单中选择"组"选项,如图 2-85 所示。旋转图标得到图 2-86 所示的效果。

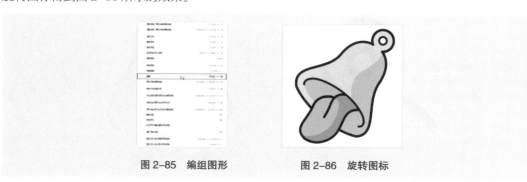

图 2-85　编组图形　　　　　　图 2-86　旋转图标

移动 UI 设计实战(微课版)

09 单击左上角的 ☰ 图标，选择"导出 > 所有画板"选项，弹出"导出资源"对话框，如图 2-87 所示。设置对话框中各项参数，如图 2-88 所示。

图 2-87　"导出资源"对话框　　　　　图 2-88　设置导出参数

> **提 示**
>
> 　　导出文件的名称将以画板的名称命名，为了便于图标的使用，在导出图标之前，最好将画板的名称修改为指定名称。

10 单击"导出所有画板"按钮，将图标画板导出，导出效果如图 2-89 所示。

图 2-89　导出图标

2.7　设计制作启动图标

　　每一款 App 应用都应该设计一个美观的和识别度高的图标，这样就可以让其在应用商店界面中脱颖而出。启动图标实际上就是把 Logo 嵌套进系统图标模板的图标。

2.7.1　知识链接——启动图标的设计形式

　　目前比较常见的启动图标设计形式有图标形式、文字形式和拟物形式 3 种，下面逐一进行介绍。

● 图标形式

　　图标形式一般应用在比较基础的工具 App 中，此类 App 大多有极其清晰的工具图标与之对应，通常会直接使用工具图标和图形设计启动图标，例如邮箱、计算器、音乐和地图等类型的 App 就会使用此类图标形式。

此类图标的设计很简单，通常采用下方背景和上方图标的方式。背景可以选择纯色和渐变的方式，图标可以选择常见的工具图标，将它们组合起来，就可以轻松地设计出符合主流特征的启动图标了，如图 2-90 所示。

图 2-90　图标形式图标

● 文字形式

文字形式的图标与图标形式的图标类似，背景也只适应纯色或渐变的方式，其设计难点在于字体的设计。

由于字体具有版权问题，因此不能直接使用输入的文字。在选中字体前，一定要注意该字体是否可以免费使用。也可以直接使用思源黑、思源宋和王汉宗系列等免费字库，如图 2-91 所示。

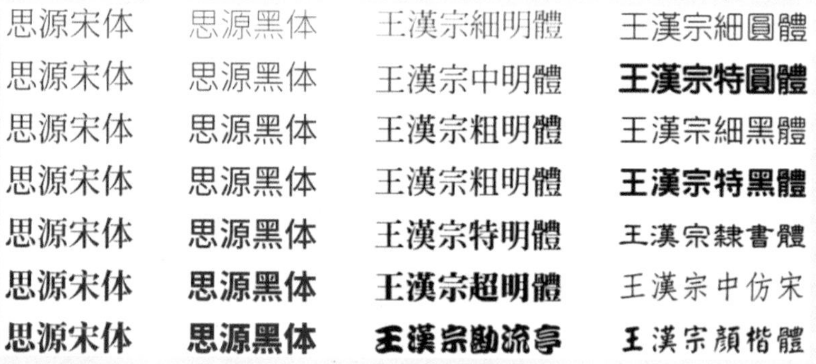

思源宋体	思源黑体	王漢宗細明體	王漢宗細圓體
思源宋体	思源黑体	王漢宗中明體	王漢宗特圓體
思源宋体	思源黑体	王漢宗粗明體	王漢宗細黑體
思源宋体	思源黑体	王漢宗粗明體	王漢宗特黑體
思源宋体	思源黑体	王漢宗特明體	王漢宗隸書體
思源宋体	思源黑体	王漢宗超明體	王漢宗中仿宋
思源宋体	思源黑体	王漢宗勘流亭	王漢宗顏楷體

图 2-91　免费字库

直接输入的字库文字通常缺少设计感，设计师可以进行二次创作，获得更好的图标效果，如图 2-92 所示。由于宋体和楷体比较正式和严肃，因此一般不建议使用这两种字库。

图 2-92　二次创作文字形式图标

● 拟物形式

虽然现在在整体设计环境中，拟物风格已经被扁平风格所取代，但不代表它已经消失。适当的拟物设计会让用户对应用功能的认识更清晰，且该种设计更有趣味性。

目前在拟物风格的设计领域中，使用最普遍的风格同时也是新手最容易学习的风格，即"轻拟物"设计。这种风格需要刻画的细节相对较少，更易于掌握。简单分析图标确定轮廓后，可通过渐变填充来表现物体本身的高光和阴影，并添加投影来制造立体感。

2.7.2 技术引入——启动图标的设计要求与规范

无论是 iOS 系统还是 Android 系统，启动图标都是用户第一眼看到的与 App 应用相关的元素。因此在设计时，除了要考虑图标的美观性外，还要考虑以下问题。

1. 启动图标设计要求

要想设计出一款好的启动图标，必须遵循以下设计要求。

● 图标设计简约

找到最具有代表性、最能反映 App 应用目的的元素，尽量通过抽象简化的手法来设计。谨慎添加细节，如果细节过于复杂，则会造成图标难以辨别的后果，尤其是在图标尺寸较小的情形下。

● 要保证图标有唯一的视觉焦点

要保证设计出来的图标有且仅有一个视觉焦点，这样可以让用户在看图标的时候立即识别出 App，获取想传达的内容。

● 设计的图标识别度要高

设计的图标的识别度要高，避免用户需要仔细分析 App 图标才能弄懂其具体含义的情况。图 2-93 所示为"邮件"应用图标，用我们熟悉的信封进行艺术化加工设计，信封和邮件的关联性很强，所以很容易被用户识别。

图 2-93　"邮件"应用图标

● 保证启动图标的背景简单，避免使用半透明背景

确保启动图标背景不透明，避免和图标背后的内容发生混淆。图标的背景不要过于花哨，避免影响到屏幕上其他图标的展示。而且没有必要将图案铺满整个图标。

● 尽量不要在启动图标中设置文字

应用的名称会显示在图标的下方，所以没必要在启动图标上设置文本。如果设计需要包含一些文本，则要确保文本和应用的内容有关联。

● 图标中不要包含照片、屏幕截图或者界面中的元素

太小尺寸的图片细节不容易被识别出来。屏幕截图对于图标来说过于复杂，而且也不能很好地把 App 的用途传达出来。太复杂的界面元素很容易误导用户或者混淆图标的真实目的。

● 用不同的桌面壁纸测试启动图标

因为无法确定用户会用哪种图片做手机壁纸，所以设计完启动图标后一定要在深色和浅色背景下分别测试一下启动图标是否能正常显示。最好在真实的设备上用动态背景测试一下，并且转换不同的观察角度来进行测试。

 不要在应用中滥用启动图标。启动图标被用在不同的功能上，会让用户觉得很怪异。

2. 启动图标设计规范

设计师在设计图标时，要严格遵守有关图标属性和尺寸的规定，以确保图标能够在 App 界面中正确显示。

● 启动图标属性

启动图标的属性应符合表 2-3 的规定。

表 2-3　启动图标属性

属性	值
格式	PNG
颜色模式	SRGB 或者 P3
样式	扁平化、没有透明度
分辨率	不确定，参考图像尺寸和分辨率
形状	方形、没有圆角

● 启动图标尺寸

在默认的情况下，使用 1024px×1024px 的尺寸来设计启动图标，这个参数在 iOS 系统和 Android 系统中都适用。之所以使用这么大的尺寸，是由屏幕分辨率的差异和使用场景导致的。

手机屏幕规格不同，图标的实际像素也不同，即图标的尺寸会根据屏幕分辨率的不同而发生改变。例如，在 @1x 的屏幕中，启动图标尺寸为 60px×60px；在 @2x 的屏幕中，启动图标尺寸为 120px×120px；在 @3x 的屏幕中，启动图标尺寸为 180px×180px，如图 2-94 所示。

60×60px
@1x

120×120px
@2x

180×180px
@3x

图 2-94　不同尺寸屏幕中启动图标的大小

在不同设备和显示场景里，应用的图标尺寸也不一样。对于一个真实的项目来说，图标不只是放在手机上运行，还会在其他设备上运行。iOS 系统和 Android 系统的 App 都可以在 Pad 上安装，这时图标尺寸规格就会不同。并且，在网页或者手机应用商店里，也需要展示启动图标，其显示的规格和在真实应用列表中的规格又不同，图 2-95 所示为微信 App 启动图标应用到不同地方的效果。

在 iOS 官方的图标模板中，罗列了非常多的图标尺寸，如图 2-96 所示。设计师只需要设计 1024px×1024px 规格的图标，然后将其一次性导出为所有尺寸即可，不需要手动调整各种规格的图标输出。

在真实项目中，除非项目有特定要求，否则只需要提交正方形图形即可。之后无论是在 App Store 中，还是在多数 Android 应用商店中，都会自动对该图形进行裁切，生成符合自己系统的圆角图标，如图 2-97 所示。

图 2-95　微信 App 启动图标应用到不同地方的效果

图 2-96　iOS 官方图标模板

图 2-97　生成圆角图标

提 示

　　如果想在设计出正方形图形后预览真实的效果，可以通过在设计软件中创建圆角矩形的蒙版或剪贴蒙版来实现圆角效果。

2.7.3　实战案例——设计制作收音机的 App 启动图标

视频：视频 \ 项目 2\2.7.3.mp4　　　　源文件：源文件 \ 项目 2\2.7.3.psd

● 案例分析

　　本案例将使用 Photoshop 设计制作一款收音机 App 启动图标，图标采用拟物化设计风格。案例中使用"矩形"工具、"椭圆"工具和"圆角矩形"工具等形状工具，采用堆叠的方式绘制出收音机 App 启动时的不同轮廓，再通过对图形的编辑和对渐变填充的使用来获得投影和阴影等光影效果，完成的图标效果如图 2-98 所示。

图 2-98　收音机 App 启动图标

● 制作步骤

　　01 启动 Photoshop，执行"文件 > 新建"命令，在弹出的"新建文档"对话框中，选择"移动设备"选项下的"Mac 图标 1024"选项，如图 2-99 所示。单击"创建"按钮，新建文档效果如图 2-100 所示。

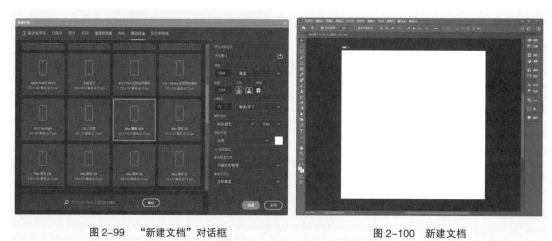

图 2-99　"新建文档"对话框　　　　　　图 2-100　新建文档

　　02 使用"圆角矩形"工具在画布中绘制一个 957px×957px 的圆角矩形，设置"填充"颜色为从 #1c6cc1 到 #3d98eb 的线性渐变，圆角半径为 160px，效果如图 2-101 所示。"属性"面板中各项参数设置如图 2-102 所示。

图 2-101　绘制圆角矩形（1）

图 2-102　"属性"面板中各项参数设置

03 使用"圆角矩形"工具绘制一个 700px×525px 的圆角矩形，设置圆角半径为 150px，如图 2-103 所示。执行"编辑 > 变换路径 > 透视"命令，拖曳左上角控制点调整圆角矩形效果，如图 2-104 所示。

图 2-103　绘制圆角矩形（2）

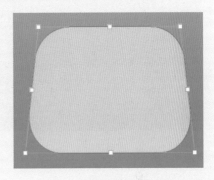

图 2-104　调整圆角矩形效果

04 修改图形"填充"颜色为从 #faa706 到 #ffd041 的线性渐变，效果如图 2-105 所示。为该圆角矩形图层添加"内阴影"图层样式，各项参数设置如图 2-106 所示。

图 2-105　设置"填充"颜色

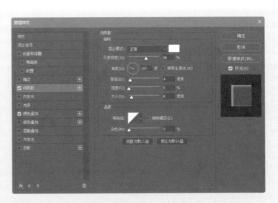

图 2-106　添加"内阴影"图层样式

05 继续为该图层添加"颜色叠加"图层样式,各项参数设置如图2-107所示。图形效果如图2-108所示。

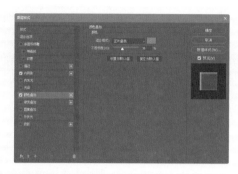

图 2-107　添加"颜色叠加"图层样式　　　　　图 2-108　图形效果（1）

06 按住键盘上的【Alt】键的同时,使用"移动"工具向上拖曳复制图形,效果如图2-109所示。将"颜色叠加"图层样式删除,并为该图层添加"投影"图层样式,各项参数设置如图2-110所示。图形效果如图2-111所示。

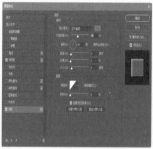

图 2-109　复制图形（1）　　　图 2-110　添加"投影"图层样式　　　图 2-111　图形效果（2）

 在确定图标的轮廓后,通过渐变填充来表现图标本身的高光和阴影,并添加投影来制造图标的立体感。

07 按住键盘上的【Alt】键的同时,使用"移动"工具向下拖曳复制图形,效果如图2-112所示。按住键盘上的【Alt】键的同时,使用"路径选择"工具向下拖曳复制图形,并设置选项栏中"路径操作"模式为"减去顶层形状",效果如图2-113所示。

图 2-112　复制图形（2）　　　　　图 2-113　复制图形并减去顶层形状

08 使用"直接选择"工具调整轮廓，得到图 2-114 所示的效果。设置形状"填充"颜色为从 #bc3527 到 #ef6b47 的线性渐变，效果如图 2-115 所示。

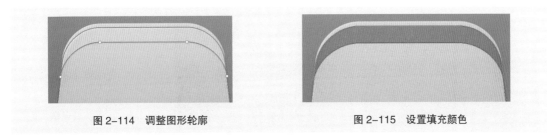

图 2-114　调整图形轮廓　　　　　　　图 2-115　设置填充颜色

09 为该图层添加"颜色叠加"图层样式，设置各项参数如图 2-116 所示。单击"确定"按钮，图形效果如图 2-117 所示。

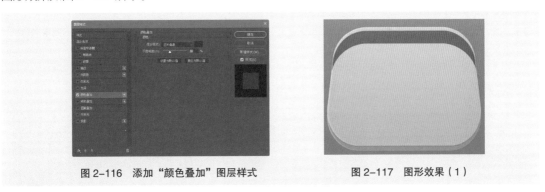

图 2-116　添加"颜色叠加"图层样式　　　　图 2-117　图形效果（1）

10 使用相同的方法，完成图 2-118 所示的图形效果。将该图层复制一个，修改"填充"颜色为白色，图层"填充"不透明度为 25%。单击工具箱中的"矩形"工具按钮，在选项栏上选择"减去顶层形状"模式，效果如图 2-119 所示。

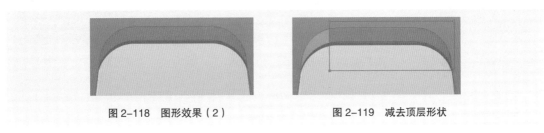

图 2-118　图形效果（2）　　　　　　　图 2-119　减去顶层形状

11 使用相同的方法，完成图 2-120 所示的效果。使用"圆角矩形"工具在画布中绘制一个图 2-121 所示的圆角矩形。

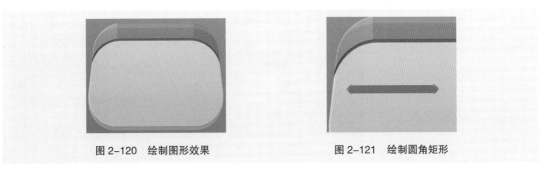

图 2-120　绘制图形效果　　　　　　　图 2-121　绘制圆角矩形

12 为该图层添加"内阴影"和"投影"图层样式，设置各项参数如图 2-122 所示。图形效果如图 2-123 所示。

图 2-122　添加图层样式　　　　　　　　　　　图 2-123　图形效果

13 将该图层复制一个，增加图形的立体感，效果如图 2-124 所示。使用相同的方法完成图 2-125 所示的图形效果。再次复制图层，为其添加"内阴影"图层样式，设置样式的各项参数如图 2-126 所示。

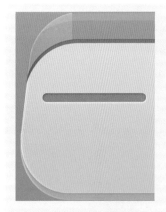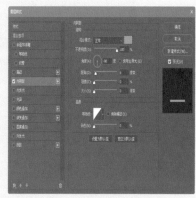

图 2-124　复制图层　　　图 2-125　相同方法绘制图形效果　　　图 2-126　复制图层并添加图层样式

14 设置该图层"填充"不透明度为 0%，图形效果如图 2-127 所示。使用相同的方法，完成图 2-128 所示的图形制作效果。

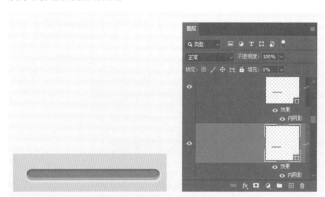

图 2-127　设置"填充"不透明度　　　　　　　　图 2-128　图形制作效果

15 继续使用"圆角矩形"工具和"椭圆"工具完成图 2-129 所示的图形绘制效果。继续使用相同的方法完成图 2-130 所示的图形绘制效果。

图 2-129 图形绘制效果（1） 　　　　　图 2-130 图形绘制效果（2）

16 使用"圆角矩形"工具完成图形高光的绘制，并移动图层顺序，效果如图 2-131 所示。继续使用"矩形"工具和"椭圆"工具完成图 2-132 所示的天线图形的制作。

图 2-131 绘制高光 　　　　　图 2-132 绘制天线图形效果

17 复制底层蓝色圆角矩形，使用"直接选择"工具调整轮廓，并修改其"填充"颜色为黑色，效果如图 2-133 所示。为该图层添加"渐变叠加"图层样式，设置各项参数如图 2-134 所示。

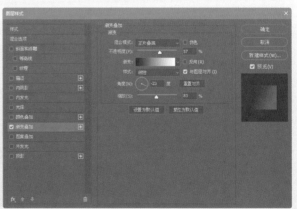

图 2-133 调整图形轮廓并修改"填充"颜色 　　　　　图 2-134 添加"渐变叠加"图层样式

18 修改该图层的"填充"不透明度为0%，效果如图2-135所示。使用与步骤17相同的方法，完成图2-136所示的图形效果。选中最底层的黄色图形，为其添加"投影"图层样式，投影效果如图2-137所示。

图2-135　光影效果　　　　　图2-136　完成图形效果　　　　　图2-137　投影效果

19 双击"背景"图层，将其转换为普通图层，按下键盘上的【Delete】键，将其删除，得到透明背景效果，如图2-138所示。执行"文件 > 导出 > 导出为"命令，在弹出的"导出为"对话框中导出0.5x和0.25x图片，如图2-139所示。

图2-138　创建透明背景　　　　　　　　　图2-139　导出图片

20 单击"导出"按钮，即可将图片导出为不同尺寸的图片，效果如图2-140所示。

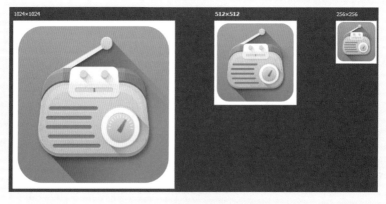

图2-140　导出不同尺寸的图片

2.8 举一反三——设计制作 iOS 系统图标

本案例设计制作了一个 iOS 系统下的电子商务 App 界面，并对其进行了标注与输出。通过本案例的制作，读者应掌握在 iOS 系统下设计制作 App 的方法与流程，并能够独立完成类似 App 界面的设计制作与输出。

使用前面所学的内容，读者可尝试设计图 2-141 所示的 iOS 系统图标。制作中要充分考虑 iOS 系统图标的设计要求和规范。

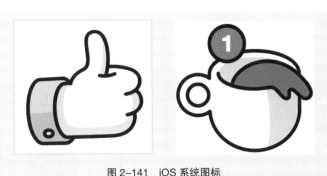

图 2-141　iOS 系统图标

2.9 项目小结

本项目主要讲解了移动 UI 设计中图标的设计方法和技巧。利用应用图标设计的基础知识，完成了工具图标、装饰图标和启动图标的设计制作。

通过本项目的学习，读者应掌握移动 UI 设计中图标设计的共同点和在不同操作系统中图标的设计规范和要求，并能通过软件导出供不同尺寸设备使用的图片素材。

2.10 课后测试

完成本项目内容的学习后，接下来我们通过几道课后习题，检测一下读者学习移动 UI 图标设计的效果，同时加深读者对所学知识的理解。

2.10.1 选择题

1. 什么情况会导致实际尺寸下图形的视觉大小不一致呢？（　　）

A. 图形的形状不同　　　　　　　B. 图形表达的含义不同

C. 图形的位置不同　　　　　　　D. 图形大小都一样

2. 在开始制作图标组之前，应该首先完成（　　）。

A. 规范文档　　　　　B. 图标种类　　　　　C. 清单　　　　　D. 格式

3. 下列设计风格中，不属于工具图标的设计风格的是（　　）。

A. 线性风格　　　　　B. 面性风格　　　　　C. 扁平风格　　　　　D. 混合风格

4. iOS 系统中，图标不会应用的位置是（　　）。

A. App Store　　　　B. 手机背面　　　　　　C. 标签栏　　　　　　　　D. 页面正文

2.10.2　判断题

1. 图标是一种图形化的标识，它有广义和狭义两种概念，广义概念指的是所有在现实中有明确指向含义的图形符号。狭义概念主要指在计算机设备界面中的图形符号，其有较小的覆盖范围。（　　）

2. 不同造型的图标都有着相同的栅格规范。常见的图标造型有正方形、横长形、竖长形和异形。（　　）

3. 目前比较常见的启动图标形式有图标形式、文字形式和拟物形式 3 种。（　　）

4. 除了尺寸之外，一套 App 图标应该具有相同的风格，包括造型规则、圆角大小、线框粗细、图形样式和个性细节等。（　　）

5. 不要在应用中滥用启动图标。启动图标分别被用在不同的功能上，会让用户觉得很怪异。（　　）

2.10.3　创新题

根据本项目前面所学习和了解到的知识，设计制作项目 1 的 1.8.3 中的养老产品的启动图标，具体要求和规范如下。

● 内容 / 题材 / 形式

以养老为题材的 App 启动图标。

● 设计要求

根据项目 1 的 1.8.3 节中的养老产品的配色方案，完成该养老 App 的启动图标设计，并分别给出符合 iOS 系统和 Andorid 系统尺寸要求的输出文件。

项目 3

03

iOS 系统电子商务
App 界面设计

▶ 项目介绍

    iOS 系统是苹果公司开发的一款移动操作系统，主要供 iPad 和 iPhone 等移动设备使用。随着苹果公司产品的日益丰富，设计师在设计 iOS 系统 App 界面时，除了要注意界面的美观性外，还要符合 iOS 系统的设计规范，并做好不同设备的适配，以确保 App 能够在不同设备上正确显示。

3.1 电子商务 App 界面——"约起"设计

本项目将设计制作一款电子商务 App——"约起"的工作界面。为了便于读者学习理解，分别从项目规范、色彩搭配、页面元素使用、输出适配和界面交互等方面进行讲解。电子商务 App 完成效果如图 3-1 所示。

App 界面　　　　　　　　　　　　　　App 交互界面

图 3-1　电子商务 App 界面

3.1.1　分析电子商务 App 项目背景

面对电子商务行业激烈竞争的状况，很多创业者知道，如果想要获得成功，项目的定位尤为重要。

精确的项目定位，意味着可以使产品在高度同质中突出重围，聚拢一批精准的、高质量的用户，当他们对这一类产品或服务有所需求时，就会首先去这个 App 中浏览查看。定位一个 App 项目可以通过分析项目的背景和绘制项目用户画像来完成。

> **提示**
> 目前主流的电子商务 App 以销售综合类产品为主，如淘宝、京东、苏宁等。还有一些 App 则是以销售垂直类产品为主，如每日优鲜、盒马鲜生、途虎养车等。

电子商务模式已经深入人心，人们已经习惯了在互联网上从事各种活动。相比传统的电子商务平台，本项目将人们日常生活中的多种服务产品整合起来，推出了以销售服务类产品为主的 App，将社交与购物结合，成功地避开了产品销售电子商务的"红海"，开辟了一个全新的电子商务方向。

用户可以在选择一种产品的同时选择好友或附近的人共同参与。例如，用户可以选择和好友或附近的人一起去看一场电影、打一场篮球或参加一个亲子活动，如图 3-2 所示。

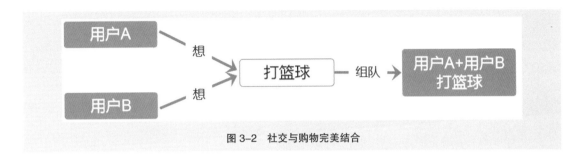

图 3-2　社交与购物完美结合

3.1.2　绘制电子商务 App 用户画像

App 项目是否成功，除了和项目中商品的价格有关之外，也和项目整体的定位、风格表达、引流方式、运营节奏等有非常大的关系。不过最重要的是，商品到底是不是用户想要的，对用户人群定位是否准确。所谓的绘制用户画像就是确定 App 的目标用户。

用户画像的绘制可以从基本属性、衍生属性和价值属性 3 个层次进行分析。

● 基本属性

基本属性主要有用户的性别和年龄段。

● 衍生属性

衍生属性主要有用户的消费能力和购物偏好。

● 价值属性

价值属性主要是商品卖点。

采用上面的分析方法，获得该项目的用户画像，如表 3-1 所示。

表 3-1　电子商务 App 用户画像

性别	年龄段	消费能力	购物偏好	商品卖点
男性居多	18~35 岁	低或者中，绝不会高	会频繁购买，偏向于包邮，如果不包邮会很容易失去用户	小资生活与品质产品

3.2　电子商务 App 草图制作

在确定了项目的背景和用户画像后，为了保证最终完成的效果与设计效果一致，通常会首先完成产品草图的制作。在开始 App 草图制作之前，要先对 App 界面尺寸和布局类型进行了解，以确保最终完成效果符合 iOS 系统要求。

3.2.1　电子商务类 App 界面尺寸

本项目设计的是 iOS 系统中的 App，界面尺寸要符合 iOS 系统的要求。为了便于适配 iOS 系统的所有设备，要以 iPhone 6 的屏幕尺寸 750px×1334px 为基准，图 3-3 所示为 iPhone 6 界面的尺寸。图 3-4 所示为 iPhone 6 组件的名称和高度尺寸，其状态栏的高度为 40px，导航栏的高度为 88px，标签栏的高度为 147px。

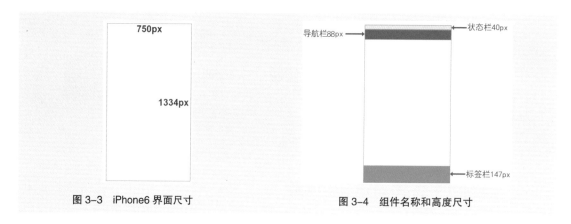

图 3-3 iPhone6 界面尺寸

图 3-4 组件名称和高度尺寸

　　了解了组件尺寸之后，还应对界面中的全局边距进行设置。全局边距是指页面内容到屏幕边缘的距离，整个应用的界面都应该以此为规范，以达到页面整体视觉效果的统一。全局边距的设置可以更好地引导用户垂直向下浏览。图 3-5 所示为淘宝 App 全局边距。

　　常用的全局边距有 32px、30px、24px、20px 等。本项目全局边距设置为 24px，如图 3-6 所示。

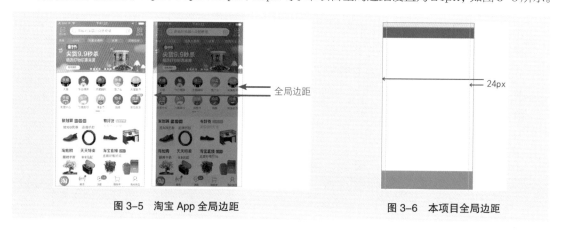

图 3-5 淘宝 App 全局边距

图 3-6 本项目全局边距

3.2.2 电子商务类 App 界面布局类型

　　该项目首页按照功能分为 3 部分。顶部采用选项卡布局方式，直接展示最重要的内容信息，分类位置固定，当前所在入口位置清楚，减少页面跳转层级，轻松在各入口间频繁跳转，如图 3-7 所示。

　　中部采用陈列馆布局方式，同样高度下放置更多的菜单，流动性强，直观展现各项内容，方便用户浏览经常更新的内容，如图 3-8 所示。

图 3-7 顶部选项卡布局

图 3-8 中部陈列馆布局

底部采用列表布局方式，层次展示清晰明了，视线流从上到下，浏览体验快捷，可展示内容较长的菜单或拥有次级文字内容的标题，如图 3-9 所示。

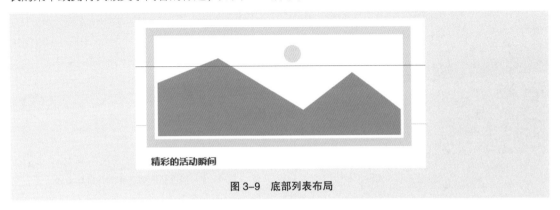

图 3-9　底部列表布局

3.2.3　实战案例——设计制作电子商务 App "首页" 草图

视频：视频 \ 项目 3\3.2.3.mp4　　　　源文件：源文件 \ 项目 3\3.2.3.rp

扫码观看视频

● 案例分析

本案例将使用 Axure RP 9 完成电子商务 App "首页" 草图。草图的制作可以帮助设计师更好地理解产品策划内容，设计出符合项目要求和产品定位的 App 界面。完成的草图效果如图 3-10 所示。

图 3-10　电子商务 App 草图

● 制作步骤

01 启动 Axure RP 9，单击 "新建文件" 按钮，软件界面如图 3-11 所示。将 "矩形 1" 元件从 "元件" 面板中拖入工作区中，并在右侧的 "样式" 面板中设置各项参数，如图 3-12 所示。

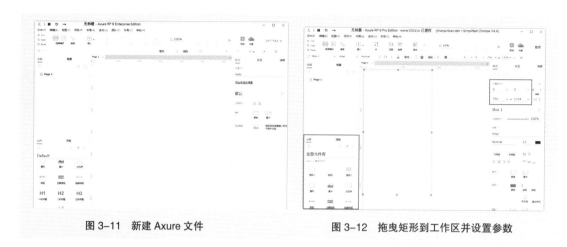

| 图 3-11 新建 Axure 文件 | 图 3-12 拖曳矩形到工作区并设置参数 |

02 执行"视图 > 标尺 > 网格 > 辅助线 > 创建辅助线"命令，弹出"创建辅助线"对话框，设置其参数，如图 3-13 所示。单击"确定"按钮，创建图 3-14 所示的状态栏辅助线。

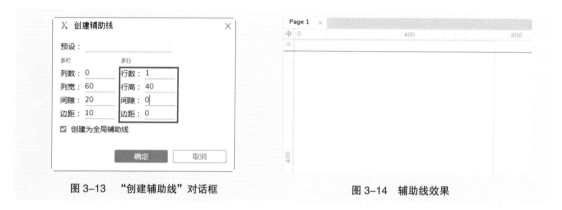

| 图 3-13 "创建辅助线"对话框 | 图 3-14 辅助线效果 |

03 继续使用相同的方法，分别创建导航栏和标签栏的辅助线，完成效果如图 3-15 所示。将"矩形 3"元件拖入工作区中，设置其尺寸为 750px × 435px，效果如图 3-16 所示。

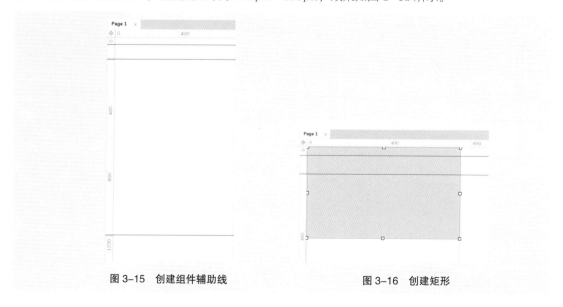

| 图 3-15 创建组件辅助线 | 图 3-16 创建矩形 |

04 将"一级标题"元件拖入工作区中，修改文字内容，如图 3-17 所示。继续拖入"一级标题"元件，制作图 3-18 所示的效果。

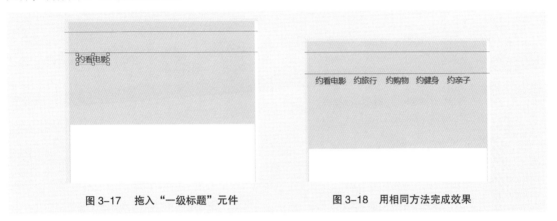

图 3-17 拖入"一级标题"元件　　　　　图 3-18 用相同方法完成效果

05 将"图片"元件拖入工作区中，修改其大小为 80px×80px，效果如图 3-19 所示。按下键盘上的【Ctrl】键，拖曳复制图片元件，效果如图 3-20 所示。

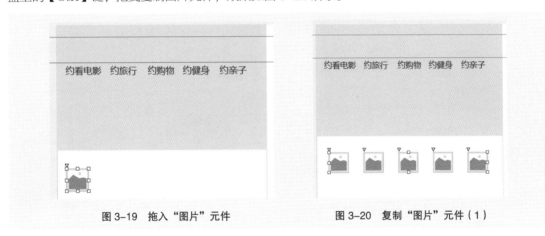

图 3-19 拖入"图片"元件　　　　　图 3-20 复制"图片"元件（1）

提示　在拖曳复制"图片"元件时，注意两个图片间距为 60px。合适的间距有利于用户访问，查找自己感兴趣的内容。

06 选中所有"图片"元件，按下键盘上的【Ctrl】键，向下拖曳复制，效果如图 3-21 所示。将"二级标题"元件拖入工作区中，修改文字内容并排列整齐，效果如图 3-22 所示。

图 3-21 复制"图片"元件（2）　　　　　图 3-22 拖入"二级标题"元件

07 继续将"图片"元件拖入工作区中，修改其大小为338px×170px，按下【Ctrl】键复制"图片"元件，效果如图3-23所示。将"一级标题"元件拖入工作区中，修改文字内容，如图3-24所示。

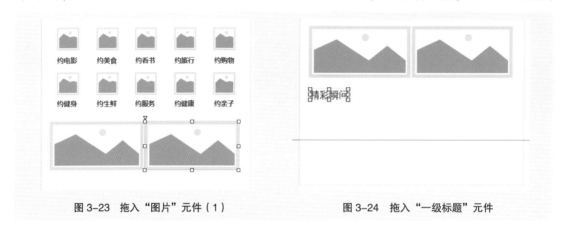

图 3-23 拖入"图片"元件（1）　　　　图 3-24 拖入"一级标题"元件

08 将"图片"元件拖入工作区中，修改其大小为680px×300px，如图3-25所示。将"二级标题"拖入工作区中，修改文字内容，如图3-26所示。

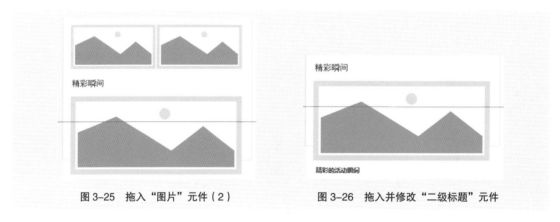

图 3-25 拖入"图片"元件（2）　　　　图 3-26 拖入并修改"二级标题"元件

09 将"矩形1"元件拖入工作区中，修改其尺寸为750px×147px，如图3-27所示。该项目App草图制作完成，效果如图3-28所示。

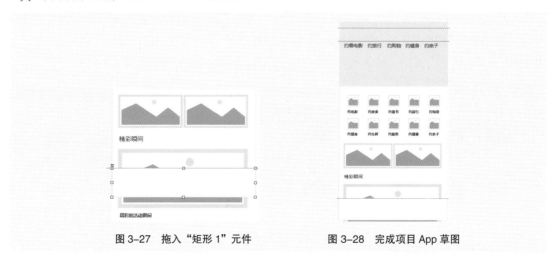

图 3-27 拖入"矩形1"元件　　　　图 3-28 完成项目 App 草图

3.3 电子商务 App 界面色彩搭配

完成项目界面的草图制作后，接下来开始设计并制作页面内容。为了确保界面的美观性，首先需要确定一套配色方案。一套配色方案通常由主色、辅助色、强调色和文本色 4 部分组成，接下来逐一进行分析。

3.3.1 电子商务 App 界面主色的确定

电子商务 App 需要向用户传达可信、健康、轻松、休闲的感受，因此可以选择具有这些色彩意象的颜色作为主色。蓝色、绿色、黄色和青色都能表达出这些感受，是符合电子商务 App 要求的颜色，如图 3-29 所示。

图 3-29　符合电子商务 App 要求的颜色

黄色给人热情、甜美的感觉，与该电子商务 App 主题并不相符。而绿色和青色虽然能给人带来轻松、健康的感受，但对于一个全新的 App 来说，这两种颜色无法给用户带来信任感。因此该案例采用了具有科技感、又能增加用户信任感的蓝色作为主色。

由于纯蓝色明度较低，不能刺激用户浏览并激发购买意向，因此将纯蓝色明度提高作为主色，如图 3-30 所示。

1b85e9

图 3-30　确定界面主色

3.3.2 电子商务 App 辅助色和强调色的确定

确定了主色后，接下来可以根据主色来确定辅助色。为了将电子商务的科技感和休闲感最大化地呈现出来，该界面采用同色系搭配方式。尽量使用浅绿色和浅蓝色的图标和图片，需要突出或着重说明的地方可以使用黄色或红色作为强调色，使整个界面色调统一，内容突出，如图 3-31 所示。

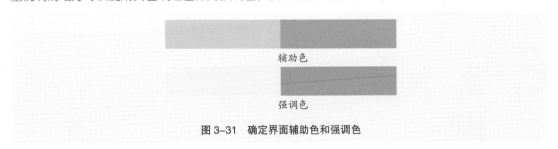

辅助色

强调色

图 3-31　确定界面辅助色和强调色

3.3.3 电子商务 App 文本色的确定

电子商务 App 界面中的文字内容并不多，但文本的颜色会影响界面的友好性和易读性。通常情况下 App 界面中文字的颜色都会设置为深灰色，而不是黑色。这样做既能够保证用户阅读，又能够很好地避免由于黑色的低沉和沉闷感影响 App 界面的整体效果。

对于一些需要着重突出的文本，最简单的方式就是直接使用主色，如图 3-32 所示。

文本色　　　　　　　　　　　　突出文本色

图 3-32　确定界面文本色

3.4　电子商务 App 界面的页面元素分析

电子商务类 App 最能吸引人的就是精美的按钮和优美的商品图片。体验良好的图标、符合产品特色的图片和准确描述产品功能的文字是一个高品质 App 界面的基本元素，本项目中案例界面元素的设计规范分析如下。

3.4.1　界面中的图标设置

界面采用线性风格的图标，如图 3-33 所示，图标与界面极简的设计风格相符，也便于用户在界面中快速找到相关功能并进行点击。

图 3-33　线性风格图标

界面底部标签栏图标尺寸设置为 44px×44px 和 80px×80px，如图 3-34 所示。导航栏上图标尺寸设置为 44px×44px，如图 3-35 所示。

图 3-34　标签栏图标尺寸

图 3-35　导航栏图标尺寸

界面中的分类图标尺寸设置为 80px×80px，如图 3-36 所示。较大的图标便于用户查找感兴趣的内容。

图 3-36　分类图标尺寸

3.4.2　界面中的图片设置

在 iOS 系统中，为了获得良好的视觉效果，界面中的图片都采用 16∶9 的比例。这样既能充分展示产品的特色，又能照顾到 App 界面的美观性，图 3-37 所示为界面的草图效果。

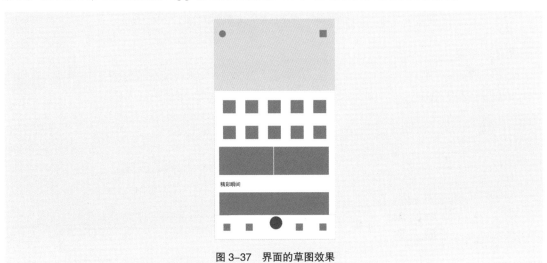

图 3-37　界面的草图效果

3.4.3　界面中的文字设置

界面中文字内容较少，iOS 系统中字体应选择苹果公司的苹方字体。按照标题的文字层级分别使用 26pt 和 22pt 的字号，图 3-38 所示为界面中文字的字体和字号。

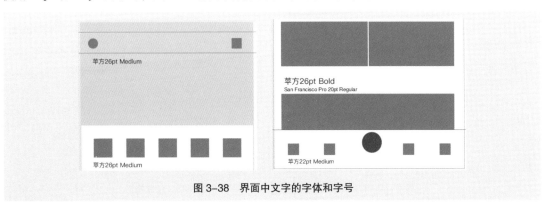

图 3-38　界面中文字的字体和字号

3.4.4 实战案例——设计制作电子商务 App 图标组

视频：视频 \ 项目 3\3.4.4.mp4　　　　　源文件：源文件 \ 项目 3\3.4.4.xd

● 案例分析

　　App 界面中的图标通常会作为一个组统一设计制作。本案例将使用 Adobe XD 完成电子商务 App 界面图标组的设计制作，以便在设计制作电子商务 App 界面时直接使用，完成的图标组效果如图 3-39 所示。

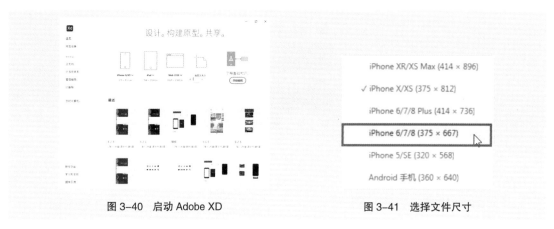

图 3-39　电子商务 App 图标组

● 制作步骤

　　01 启动 Adobe XD，软件界面如图 3-40 所示。单击 iPhone X/XS 选项后的向下箭头，在弹出的快捷菜单中选择 iPhone 6/7/8（375px×667px）选项，如图 3-41 所示。

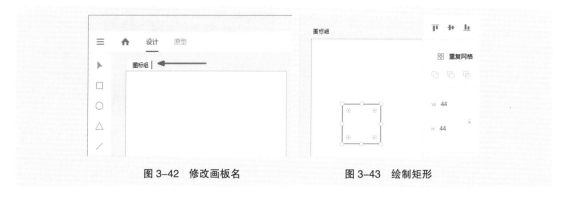

图 3-40　启动 Adobe XD　　　　　　　　　图 3-41　选择文件尺寸

　　02 双击新建文档中的画板名，修改名称为"图标组"，如图 3-42 所示。单击左侧工具箱中的"矩形"按钮，在画板上绘制一个 44px×44px 的矩形，如图 3-43 所示。

图 3-42　修改画板名　　　　　　　　　图 3-43　绘制矩形

03 按下组合键【Ctrl+L】，将矩形锁定。使用"矩形"工具在画板中绘制一个30px×22px的矩形，如图3-44所示。在右侧属性面板上设置其圆角半径为3，设置"边界"颜色为#7d7d7d，如图3-45所示。

图 3-44 绘制矩形（1）　　图 3-45 设置矩形参数

04 使用"矩形"工具绘制一个36px×11px的圆角矩形，效果如图3-46所示。再使用"矩形"工具绘制一个9px×28px的矩形，效果如图3-47所示。

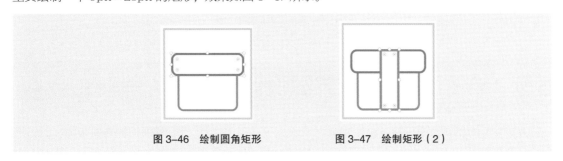

图 3-46 绘制圆角矩形　　图 3-47 绘制矩形（2）

05 使用"椭圆"工具在画板中绘制一个8px×8px的椭圆，如图3-48所示。双击椭圆，向下拖曳锚点，调整其形状，如图3-49所示。旋转图形并调整其位置到矩形下层，效果如图3-50所示。

图 3-48 绘制椭圆　　图 3-49 调整椭圆形状　　图 3-50 旋转图形并调整层级

06 按下键盘上的【Alt】键的同时，拖曳复制图形，单击属性面板上的"水平翻转"按钮，得到图3-51所示的效果。选中按钮图形并拖曳，调整其在矩形中的位置，使其距四边距离为2px，完成效果如图3-52所示。

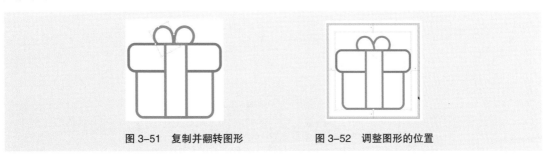

图 3-51 复制并翻转图形　　图 3-52 调整图形的位置

> **提示**
>
> 图标的四周通常会留有一定距离的边界。该案例尺寸为 44px×44px，边界为 2px，图标的实际尺寸为 40px×40px。

07 使用相同的方法完成界面中其他图标的绘制，完成效果如图 3-53 所示。单击软件界面左上角的≡图标，在弹出的快捷菜单中选择"保存"命令，将文件保存为 3.1.4.xd，完成图标组的制作。

图 3-53   完成其他图标的绘制

3.5   电子商务 App 界面设计

完成图标组的制作后，接下来开始制作该 App 的首页界面。App 界面的风格要与图标的风格保持一致，都采用极简化的设计风格。不统一的设计风格，会影响用户对该 App 的整体印象。

3.5.1   知识链接——了解像素与分辨率

很多读者在开始学习 iOS 系统界面设计的时候，经常问的问题就是怎样设定 App 的分辨率和尺寸。要想弄清楚分辨率和尺寸的概念，首先要了解像素和分辨率的关系。

很多设计师没有搞懂像素和分辨率的原因是没有弄明白英寸的概念。我们称电视机有 40 寸、55 寸和 60 寸等，手机也有 4.7 英寸、5.0 英寸等。很多人会把英寸误认为是一个面积单位，用英寸来表示一个面，也就是说把英寸看成了平方英寸。这会导致对分辨率产生完全不一样的认识。其实这里的英寸指的是屏幕对角线的长度，英寸实际上是一个长度单位，1 英寸 =2.54 厘米，图 3-54 所示为不同型号 iPhone 手机屏幕的尺寸。

图 3-54   不同型号 iPhone 手机屏幕尺寸

分辨率分为 ppi 和 dpi 两种。

ppi：指的是每英寸所包含的像素点的数目。

dpi：指的是每英寸所包含的点的个数。

dpi 和 ppi 区别并不大，只是像素和点的区别。像素是设计师的最小设计单位，点则是 iOS 系统开发的最小单位。对于 dpi，设计师只需了解即可，ppi 才是重要的概念。

> **提示**
>
> 我们日常所说的 2 倍图、3 倍图就是指屏幕中一个点有两个像素或 3 个像素。一个设备究竟要使用 2 倍图还是 3 倍图，只需看 ppi 和 dpi 的比值就可以了。

3.5.2 技术引入——iOS 系统界面设计尺寸

目前主流的 iOS 设备主要有 iPhone SE（4 英寸）、iPhone 6s/7/8（4.7 英寸）、iPhone 6s/7/8 Plus（5.5 英寸）、iPhone X（5.8 英寸）、iPhone XR（6.1 英寸）、iPhone XS Max（6.5 英寸）等，它们都采用了 Retina 视网膜屏幕。图 3-55 所示为 iOS 主流设备的尺寸。

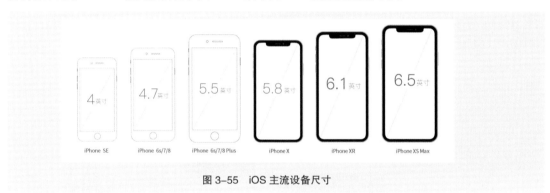

图 3-55　iOS 主流设备尺寸

这些设备的屏幕尺寸各不相同，其中 iPhone 6s/7/8 Plus、iPhone X、iPhone XR 和 iPhone XS Max 采用的是 3 倍率的分辨率，其他设备采用的是 2 倍率的分辨率。可以简单地理解为，在 3 倍率情况下，1pt=3px；在 2 倍率情况下，1pt=2px。不同设备的设计像素、开发像素和倍率如表 3-2 所示。

表 3-2　不同设备的设计像素、开发像素和倍率

机型	设计像素	开发像素	倍率
iPhone SE	640px×960px	320pt×480pt	@2x
iPhone 5/5s/5c	640px×1136px	320pt×568pt	@2x
iPhone 6/6s/7/8	750px×1334px	375pt×667pt	@2x
iPhone 6/6s/7/8 Plus	1242px×2208px	414pt×736pt	@3x
iPhone X/XS/11 Pro	1125px×2436px	375pt×812pt	@3x
iPhone XR/11	828px×1792px	414pt×896pt	@2x
iPhone XS Max/11 Pro Max	1242px×2688px	414pt×896pt	@3x

为了便于适配所有的设备，在为 iOS 系统设计 App 界面时，一般都会以 iPhone 6 的尺寸 750px×1334px 为基准。

3.5.3 实战案例——设计制作电子商务 App 界面

视频：视频 \ 项目 3\3.5.3.mp4　　　　　源文件：源文件 \ 项目 3\3.5.3.xd

● 案例分析

本案例将使用 Adobe XD 软件设计制作一个电子商务 App 界面。该界面共分为广告、导航和内容展示 3 部分。读者可在熟悉电子商务网站制作流程的同时，熟悉 Adobe XD 的基本界面和操作，完成的电子商务 App 界面效果如图 3-56 所示。

图 3-56 电子商务 App 界面效果

● 制作步骤

01 启动 Adobe XD 软件，单击左侧的"您的计算机"，将 3.4.4.xd 文件打开，如图 3-57 所示。按下键盘上的【Alt】键，使用"选择"工具在画板名称处单击并向右侧拖曳，修改复制的画板名称为"首页"，删除画板上的图标，如图 3-58 所示。

图 3-57 打开文件　　　　　图 3-58 复制画板

02 将鼠标移动到"首页"画板的顶部和左侧，向下或向右拖曳，创建组件辅助线和边距辅助线，如图 3-59 所示。打开"模板 .xd"文件，将状态栏内容复制并粘贴到状态栏中，如图 3-60 所示。

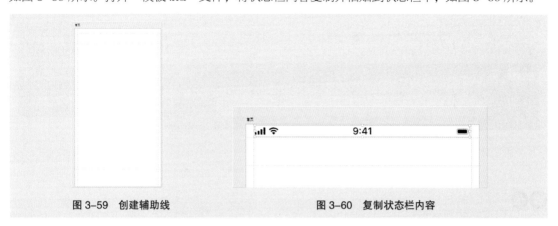

图 3-59　创建辅助线　　　　　　　　　　图 3-60　复制状态栏内容

提示

　　由于该画板的尺寸为 375px×446px，为 @1x 尺寸，因此状态栏高度为 20px，导航栏高度为 22px，标签栏高度为 73px，边距设置为 12px。

03 使用"矩形"工具在画板中绘制一个 375px×64px 的矩形，在右侧属性面板中修改其"填充"颜色为 #1b85e9，"边界"设置为无，如图 3-61 所示。在矩形上单击鼠标右键，在弹出的快捷菜单中选择"排列＞置为底层"命令，效果如图 3-62 所示。

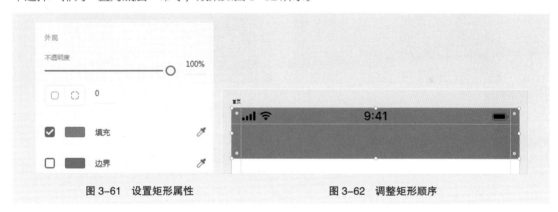

图 3-61　设置矩形属性　　　　　　　　　　图 3-62　调整矩形顺序

04 双击状态栏上的图标，在右侧的属性面板上修改"填充"颜色为白色，如图 3-63 所示。将"图标组"画板中的图标拖曳复制到"首页"画板中，并调整其大小、位置和颜色，效果如图 3-64 所示。

图 3-63　修改图标颜色为白色　　　　　　　　图 3-64　使用图标

05 使用"矩形"工具在画板中绘制一个 250px×20px 的圆角矩形,圆角半径设置为 18px,效果如图 3-65 所示。继续将"图标组"面板中的图标拖入"首页"画板中,效果如图 3-66 所示。

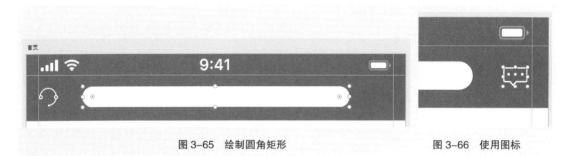

图 3-65　绘制圆角矩形　　　　　　　　　　　　　　图 3-66　使用图标

> **提示**
>
> "图标组"画板中的图标尺寸是按照 iPhone 6 的界面尺寸设计制作的,为 @2x 尺寸。因此在"首页"中使用图标时,应调整尺寸为原尺寸的一半。

06 使用"矩形"工具在画板中绘制一个 375px×152px 的矩形,设置"填充"颜色为灰色,如图 3-67 所示。将"pop.jpg"图片拖到"首页"画板中刚刚绘制的矩形上,效果如图 3-68 所示。

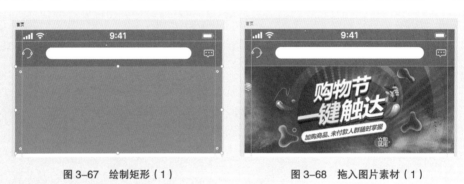

图 3-67　绘制矩形（1）　　　　　　　　　　　　　　图 3-68　拖入图片素材（1）

07 使用"矩形"工具在画板中绘制一个 40px×40px 的矩形,按【Alt】键的同时拖曳矩形,复制多个矩形,效果如图 3-69 所示。将"电影.png"图片拖到矩形上,并设置"边界"为无,如图 3-70 所示。

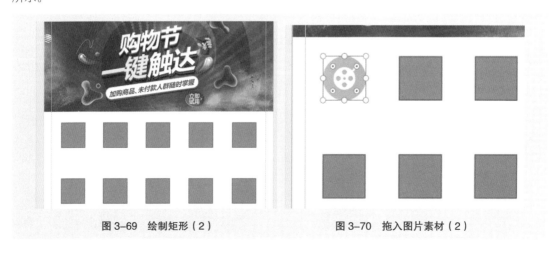

图 3-69　绘制矩形（2）　　　　　　　　　　　　　　图 3-70　拖入图片素材（2）

08 使用"文本"工具在画板中单击，在属性面板上设置字体各项参数，如图 3-71 所示。输入图 3-72 所示的文本内容。

<table>
<tr><td>图 3-71　设置文本属性</td><td>图 3-72　输入文本内容（1）</td></tr>
</table>

09 使用相同的方法，输入文本内容，效果如图 3-73 所示。使用"矩形"工具绘制两个 169px×85px 的矩形，圆角半径设置为 5，如图 3-74 所示。

<table>
<tr><td>图 3-73　输入文本内容（2）</td><td>图 3-74　绘制矩形</td></tr>
</table>

10 将"广告 1.png"素材图片拖到刚刚绘制的矩形上，效果如图 3-75 所示。继续将"广告 2.png"素材图片拖到矩形上，效果如图 3-76 所示。

<table>
<tr><td>图 3-75　拖入图片素材（1）</td><td>图 3-76　拖入图片素材（2）</td></tr>
</table>

11 使用"文本"工具，在画板中输入图 3-77 所示的文本。使用"矩形"工具绘制一个 350px×144px 的圆角矩形，圆角半径设置为 8，如图 3-78 所示。

<table>
<tr><td>图 3-77　输入文本</td><td>图 3-78　绘制圆角矩形</td></tr>
</table>

12 将"广告 3.png"素材图片拖到刚刚绘制的矩形上，效果如图 3-79 所示。使用"矩形"工具在画板的底部绘制一个 375px×48px 的矩形，"填充"颜色设置为白色，如图 3-80 所示。

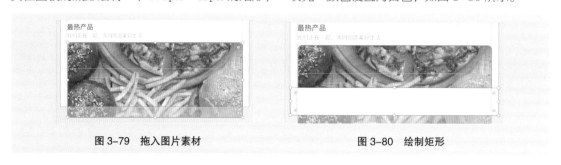

图 3-79　拖入图片素材　　　　　　　　　　　图 3-80　绘制矩形

13 使用"椭圆"工具在画板中绘制一个 56px×56px 的圆形，如图 3-81 所示。再次使用"椭圆"工具在画板中绘制一个 43px×43px 的圆形，设置其"填充"颜色为 # 2691FF，如图 3-82 所示。

图 3-81　绘制圆形　　　　　　　　　　图 3-82　绘制圆形并设置"填充"颜色

14 将"图标组"面板中的图标拖入"首页"画板中，效果如图 3-83 所示。继续使用相同的方法，将图标拖入画板中，效果如图 3-84 所示。

图 3-83　拖入图标　　　　　　　　　　图 3-84　拖入图标素材

15 使用"文本"工具在画板中输入文本内容，完成效果如图 3-85 所示。单击软件左上角的≡图标，执行"另存为"命令，将文件保存为 3.1.5.xd，完成电子商务 App 界面设计效果，如图 3-86 所示。

图 3-85　输入文本内容　　　　　　　　　　图 3-86　完成 App 界面制作

3.6 电子商务 App 交互设计

为了帮助用户快速找到想要的内容，在设计 App 界面时通常会通过加粗、改变颜色和添加动画等方法来进行设计，吸引用户点击。当用户点击时，App 界面又会出现新的提示，引导用户朝着运营者事先设计好的路径访问，这就是交互为 App 项目带来的好处。

界面中的按钮通常分为常态、可点击状态和不可点击状态 3 个不同的状态效果。也就是说，设计师需要设计出一个按钮的 3 个不同的状态效果，如图 3-87 所示。

常态　　　　　　　　可点击态　　　　　　　　不可点击态

图 3-87　按钮的不同状态效果

3.6.1 交互设计与用户体验

移动设备的交互体验是一种"自助式"的体验，没有可以事先阅读的说明书，也没有任何操作培训，完全依靠用户自己去寻找互动途径，因此交互设计极大地影响了用户体验。

好的交互设计应该尽量避免给用户的参与造成任何困难，并且在出现问题时及时提醒用户并帮助其尽快解决问题，从而保证用户的感官、认知、行为和情感体验的最佳化。

将电影海报封面以卡片的形式堆叠在界面中，就能够有效地引导用户在界面中进行滑动切换操作，当用户在界面中左右滑动时，电影封面卡片会以动感模糊的形式切换，表现出界面内容的层次感，如图 3-88 所示。

图 3-88　卡片堆叠交互效果

反过来，用户体验又对交互设计起着非常重要的指导作用，其为交互设计的首要原则和检验标准。从了解用户的需求入手，到对各种可能的用户体验的分析，再到最终的用户体验测试，交互设计应该将对用户体验的关注贯穿于设计的全过程。即便是一个小小的设计决策，设计师也应该从用户体验的角度去思考。

图 3-89 所示为一款闹钟 App 应用的交互界面设计，图形化的时针表盘设计引导用户设定闹钟时间，而在闹钟列表界面中，又通过不同的色彩、小图标等为用户提供非常清晰的指引。

图 3-89　闹钟 App 交互界面设计

3.6.2　交互设计的基本流程

很多人认为交互设计就是画线框流程图，只需要使用软件制作出界面的控件布局和跳转链接就可以了。而事实上，完整的交互设计，包括用户需求分析、用户流程设计、信息架构搭建、交互原型设计和交互文档输出等一系列流程。

交互设计师通常关注的是产品的设计实现层面，即如何解决问题。解决问题的过程并非一蹴而就，其输出物也不只是一个设计方案。需要通过分析得到解决方案、对应的衡量指标、预期要达到的效果等。

严格来说，交互设计包括需求分析、用户行为流程设计、产品信息架构设计、产品原型设计和生成交互文档 5 个步骤。交互设计基本流程如表 3-3 所示。

表 3-3　交互设计基本流程

1. 需求分析
详细的需求分析过程使产品从一个概念变成真正可设计、可开发的文档。它需要向项目组的成员清楚地传达需求的定义、功能、意义和详细的规则。需求分析需要包括产品功能概述、功能结构、功能详细描述、简单的交互原型等内容
2. 用户行为流程设计
用户行为流程设计主要是指设计产品的页面流程图，引导用户在产品中按照怎样的路径去完成任务，通过设计提高任务的完成效率
3. 产品信息架构设计
产品信息架构设计主要是指对产品的内容结构和导航系统进行设计，从而使用户在使用产品的过程中更容易理解产品的信息内容和更加方便地找到所需要的信息内容
4. 产品原型设计
产品原型设计主要是指通过线框图来表现产品的界面信息布局结构、界面中信息内容的优先级以及交互的细节
5. 生成交互文档
完成前面的步骤之后生成完整的交互文档，将交互文档传达给项目组中的成员，项目组中的其他成员按照交互文档来完成相应的内容，包括产品 UI 的视觉设计和程序功能的开发

3.6.3　实战案例——设计制作电子商务 App 的交互界面

视频：视频 \ 项目 3.6.3.mp4　　　　　　源文件：源文件 \ 项目 3.6.3.xd

● 案例分析

本案例首先为搜索条添加提示文本，方便用户识别区域功能，如图 3-90 所示。

图 3-90　添加提示文本

页面的广告位通常会制作成滚动效果，用户可以通过点击或者滑动的操作查看多个广告，在广告中添加了提示图形，方便用户随时点击跳转查看广告内容，如图 3-91 所示。

图 3-91　添加提示图形

在页面底部标签栏的图标上，通过为按钮设置不同状态下的颜色，向用户展示当前所访问的页面，如图 3-92 所示。

图 3-92　设置按钮的不同状态

● 制作步骤

01 启动 Adobe XD 软件，将 3.1.5.xd 文件打开，如图 3-93 所示。使用"文本"工具在"首页"画板顶部的圆角矩形中输入文本内容，效果如图 3-94 所示。

<table>
<tr><td>图 3-93　打开文件</td><td>图 3-94　输入文本内容</td></tr>
</table>

02 使用"椭圆"工具在画板中绘制图 3-95 所示的圆形。按下【Alt】键的同时拖曳复制多个圆形，效果如图 3-96 所示。

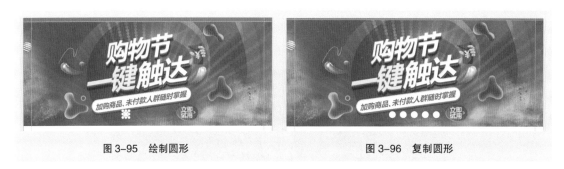

<table>
<tr><td>图 3-95　绘制圆形</td><td>图 3-96　复制圆形</td></tr>
</table>

03 选择底部标签栏上的首页图标，在属性面板上修改其"边界"颜色为 #2691FF，如图 3-97 所示。选择"首页"文本，在属性面板上修改其"字型"和"填充"颜色，效果如图 3-98 所示。

<table>
<tr><td>图 3-97　修改图标颜色</td><td>图 3-98　修改文本属性</td></tr>
</table>

04 文本效果如图 3-99 所示。添加了交互效果后的界面效果如图 3-100 所示。

图 3-99　文本效果　　　　图 3-100　添加交互效果

3.7　电子商务 App 界面标注

当界面设计定稿之后，设计师需要对界面进行标注，方便开发工程师在还原界面时进行参考。

3.7.1　位置与尺寸标注

元素的位置标注，只需要标注这个元素在它的父级容器中的相对位置，而不是标注它在整个页面中的全局位置，图 3-101 所示为错误的标注方式。通常是先把大模块划分好，再标注里面的子元素，图 3-102 所示为正确的标注方式。

图 3-101　错误的标注

图 3-102　正确的标注

由于屏幕规格的多样性，故元素的位置与尺寸通常并不是固定值。设计师要会剖析自己的设计稿，了解每个模块的构成。

在垂直维度上，图标、文字、栏目容器等大多数页面元素并不发生变化，页面总高度的增加会让之前无法看全的内容显示得更多。垂直高度和垂直距离只需要直接标注数值即可，如图 3-103 所示。

但有一个例外，那就是含有可变图片（广告 banner、内容配图等）的容器。当图片宽度拉伸的时候，为了保持图像不变形，高度也会同步拉伸，从而撑高其父级容器的高度。所以，通常不需要标注容器的高度，只需要标注内部元素之间的垂直间距即可，如图 3-104 所示。也就是说，容器的高度，由它的内容来决定。

图 3-103　标注垂直高度　　　　　　图 3-104　标注内部元素

在水平维度上，页面元素的宽度拉伸适配情况较为复杂，比较常见的有等分适配、百分比伸缩适配和固定一边适配，如图 3-105 所示。

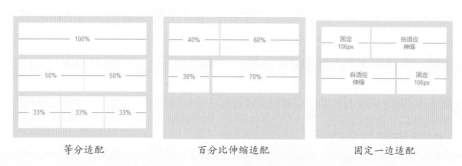

等分适配　　　　　　　　百分比伸缩适配　　　　　　　固定一边适配

图 3-105　宽度拉伸适配情况

在标注横向宽度之前，要弄清楚设计稿采用哪种分割结构，再开始标注工作。由于手机屏幕空间比较有限，因此从交互体验上来讲，应该不会出现比上述划分方式更复杂的结构了。如果出现，那么这个界面设计得就有些过于复杂，需要好好优化。

在划分完大的模块结构后，接下来开始标注内部元素。元素在垂直方向上通常都是"居顶"，水平方向上就只有"居左""居中"和"居右"这几种情况。居左的元素只需标注与父级容器的左边距，居右的元素只需标注右边距，居中的元素只需注明"居中"即可，如图 3-106 所示。

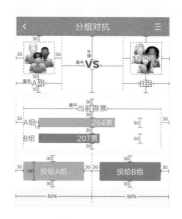

图 3-106　标注内部元素

3.7.2 色彩与字号标注

标注的色彩单位使用 Hex 值（如 #ffffff）；文字字号单位使用像素（px）。同时，如果是多行文本，则需要将行高参数标注出来。

标注所用的文字和线条色彩，要与背景图像有较大反差。可以添加描边或外发光效果，以便于区分。对于设计比较复杂的设计稿，可以将其拆分成两份标注页面，一份专门标注位置与尺寸，另一份专门标注色彩与字号。这样既互不干扰，又方便阅读。

提 示

界面标注的作用是给开发人员提供参考，因此在标注之前需要和开发人员进行沟通，了解他们的工作方式，标注完成之后需要讲解其中的注意事项，以便更快捷高效地完成工作，并且最大限度地完成视觉的还原。

3.7.3 实战案例——使用 PxCook 完成"首页"界面的标注

视频：视频 \ 项目 3\3.7.3.mp4　　源文件：源文件 \ 项目 3\3.7.3.pxcp

● 案例分析

本案例将使用 PxCook 软件完成"首页"界面的标注操作。在 PxCook 中可以对文本、区域、颜色、距离等内容进行标注。标注准确的界面，可以更好地使开发人员了解设计人员的参数和意图，有利于更快完成项目的开发工作，提高工作效率。

扫码观看视频

设计师完成 App 界面设计后，需要将源文件、效果图、标注图、标注源文件和切片资源 5 部分内容提交给开发人员，图 3-107 所示为最终整理好的资源文件夹。

图 3-107　最终资源文件夹

在 Adobe XD 中，单击左上角的 图标，在弹出的菜单中选择"保存"命令，即可将源文件保存，如图 3-108 所示。在弹出的菜单中选择"导入 > 所有画板"命令，即可将所有画板的效果图导出，如图 3-109 所示。

図 3-108　保存源文件　　　　　　图 3-109　导出效果图

● 制作步骤

01 启动 Adobe XD 软件，将 3.6.xd 文件打开，效果如图 3-110 所示。选中"首页"画板，单击软件左上角的☰图标，在弹出的菜单中选择"导出 >PxCook"命令，如图 3-111 所示。

图 3-110　打开文件　　　　　　　　　　图 3-111　导出文件

02 设置弹出的"导入画板"对话框中的各项参数，如图 3-112 所示。单击"导入"按钮，启动 PxCook 软件，如图 3-113 所示。

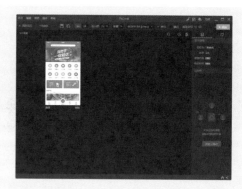

图 3-112　设置导入参数　　　　　　　　图 3-113　启动 PxCook 软件

03 双击"首页"文件，打开要标注的页面，如图 3-114 所示。设置 PxCook 选项栏上各项参数，如图 3-115 所示。

图 3-114　打开标注页面　　　　　　　　图 3-115　设置 PxCook 选项栏上各项参数

04 选中"导航栏"上的图标，如图 3-116 所示。单击左侧工具栏上的"生成尺寸标注"按钮，添加尺寸标注效果，如图 3-117 所示。

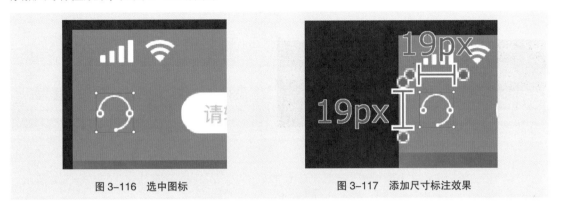

图 3-116　选中图标　　　　　　　　图 3-117　添加尺寸标注效果

05 选中搜索栏中的文本，如图 3-118 所示。单击左侧工具栏上的"生成文本样式标注"按钮，添加文本样式标注效果，如图 3-119 所示。在顶部选项栏中可以设置显示的文本标注内容，如图 3-120 所示。

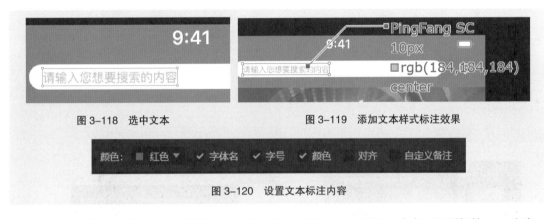

图 3-118　选中文本　　　　　　　　图 3-119　添加文本样式标注效果

图 3-120　设置文本标注内容

06 拖曳标注内容的红点，可以改变标注的位置，如图 3-121 所示。选中页面顶部的 pop 广告，单击工具箱中的"生成区域标注"按钮，即可为该 pop 广告创建区域标注，如图 3-122 所示。在顶部选项栏中可以设置区域标注的效果，如图 3-123 所示。

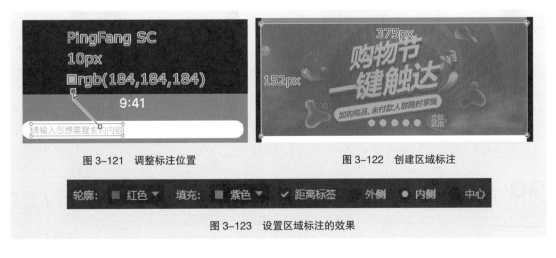

图 3-121　调整标注位置　　　　　　图 3-122　创建区域标注

图 3-123　设置区域标注的效果

07 单击选中搜索栏的圆角矩形，单击工具箱中的"矢量图层样式"按钮，即可完成对矢量图形的标注，如图3-124所示。将搜索栏和文本同时选中，单击工具箱中的"生成两个元素内部间距标注"按钮，即可完成元素内部间距标注，效果如图3-125所示。

图3-124　矢量图形标注

图3-125　元素内部间距标注

08 单击工具箱中的"距离标注"按钮，在两个按钮间拖曳，完成距离标注，如图3-126所示。单击工具箱中的"区域标注"按钮，在想要标注的区域上单击并拖曳，即可完成区域标注，如图3-127所示。

图3-126　距离标注

图3-127　区域标注

09 继续使用相同的方法，将界面中需要标注的信息标注出来，最终效果如图3-128所示。单击选项栏中的"导出画板标注"按钮，将标注好的画板导出，效果如图3-129所示。

图3-128　完成界面中的标注

图3-129　导出画板标注

> **提示**
>
> 对标注的内容和规范并没有特定的要求，这主要取决于设计人员和与之配合的开发人员之间的约定。因此，在开始标注前，设计人员就要与开发人员多沟通，避免出现不必要的错误。

3.8 电子商务 App 界面的适配

在实际的设计工作中，通常设计师只需要设计一套基准设计图，再适配多个分辨率的设备即可。可以选择 iPhone 6s/7/8 的尺寸（750px×1334px）作为基准，向下适配 iPhone SE（640px×1136px），向上适配 iPhone 6s/7/8 Plus（1242px×2208px）和 iPhone X（1125px×2436px），如图 3-130 所示。

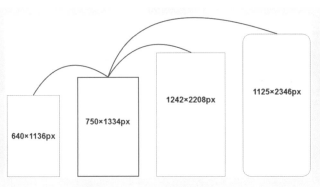

图 3-130　适配多个分辨率的设备

3.8.1　iOS 系统向下和向上适配

1. 向下适配

750px×1334px 和 640px×1136px 两个尺寸的界面都使用 2 倍的像素倍率，它们的切片大小是完全相同的，即系统图标、文字和高度都无需适配，适配宽度即可。

打开一款体育 App 的设计稿，其设计尺寸为 750px×1334px，如图 3-131 所示。调整画板大小为 640px×1136px，如图 3-132 所示。

图 3-131　设计尺寸

图 3-132　调整画板大小

改变画板大小后，设计稿的右边和下边都被裁切，黑色蒙版部分即为被裁切部分，画板缩小成 640px×1136px。

导航栏中标题重新居中。由于 750px/640px 的比值约为 1.17，因此焦点图的高度除以 1.17 后居中，宽度为 640px，效果如图 3-133 所示。中间的入口图标向左移动，保持两侧边距一致，并使图标的间距等宽，如图 3-134 所示。

图 3-133　适配导航栏　　　　　图 3-134　适配按钮图标

继续使用相同的方法对设计稿下部分的图片和文字进行适配，适配完成后的对比效果如图 3-135 所示。

750px×1334px　　　　　640px×1136px

图 3-135　适配 iPhone SE 对比效果

2. 向上适配

向上适配需要适配两种尺寸，即 iPhone 6s/7/8 Plus 和 iPhone X，本节主要讲解 iPhone 6s/7/8 Plus 的适配。

iPhone 6s/7/8 Plus 的尺寸为 1242px×2208px，为 3 倍的像素倍率，也就是说 1242px×2208px 界面上所有元素的尺寸都是 750px×1334px 界面上元素的 1.5 倍，在进行适配时，直接将界面的图像大小变为原来的 1.5 倍，再调整画板大小为 1242px×2208px，最后调整界面图标和元素横向间距的大小，即可完成适配。

首先将 750px×1334px 的画板尺寸调整为 150%，也就是 1125px×2001px，设计稿中的图片跟随画板尺寸变化，增大为原尺寸的 150%。调整前后对比效果如图 3-136 所示。

图 3-136　图像大小调整为 1.5 倍的效果

接下来将 1125px×2001px 界面的画板调整为 1242px×2208px。

导航栏中标题居中，由于 1242px/750px 的比值约约为 1.66，因此焦点图的高度除以 1.66 后居中，宽度为 1242px。中间的入口图标向右移动，保持两侧边距一致，并使图标的间距等宽，适配对比图如图 3-137 所示。同时需要注意，页面中的装饰线和分割线还保持着 1px。

图 3-137　适配 iPhone 6s/7/8 Plus 对比效果

3.8.2　适配切片命名规范

切图、标注是设计人员与开发人员需要沟通的步骤。

对于项目来说，产品的优化迭代是必须的。完成设计后，要改动某个图标，在众多的图片中找起来会非常麻烦。因此，养成良好的命名习惯很重要，既可以方便产品修改与迭代，又可以方便设计团队成员之间的沟通，也方便设计人员与开发人员沟通。

通常切片输出的图片都会以英文命令，其命名规范有以下 3 个原则。

（1）较短的单词可通过去掉"元音"形成缩写。

（2）较长的单词可取单词的前几个字母形成缩写。

（3）此外还有一些约定俗成的英文单词缩写。

下面提供 3 种命名规范供读者参考使用，在具体使用时还是要与团队成员多沟通。

● *产品模块 _ 类别 _ 功能 _ 状态 .png*

例如：发现 _ 图标 _ 搜索 _ 点击状态 .png 可以命名为 found_icon_search_pre.png。

● *场景 _ 模块 _ 状态 .png*

例如：登录 _ 按钮 _ 默认状态 .png 可以命名为 login_btn_nor.png。

● *产品模块 _ 场景 _ 二级场景 _ 状态 .png*

例如：按钮 _ 个人 _ 设置 _ 默认状态 .png 可以命名为 btn_personal_set_nor.png。

切图基本命名规范如表 3-4 所示。

表 3-4　切图基本命名规范

分类	命名	解释
名词命名	bg（background）	背景
	nav（navbar）	导航栏
	tab（tabbar）	标签栏
	btn（button）	按钮
	img（image）	图片
	del（delete）	删除
	msg（message）	信息
	icon	图标
	content	内容
	left/center/right	左 / 中 / 右
	logo	标识
	login	登录
	register	注册
	refresh	刷新
	banner	广告
	link	链接
	user	用户
	note	注释
	bar	进度条
	profile	个人资料
	ranked	排名
	error	错误
操作命名	close	关闭
	back	返回
	edit	编辑
	download	下载

分类	命名	解释
操作命名	collect	收藏
	comment	评论
	play	播放
	pause	暂停
	pop	弹出
	audio	音频
	video	视频
状态命名	selected	选中
	disabled	无法点击
	highlight	点击时
	default	默认
	normal	一般
	pressed	按下
	slide	滑动

同时需要注意，iOS 切图需要在命名后加上 @2x、@3x 后缀名。例如，一个首页处于常态下的按钮命名是 home_btn_nor@2x.png。

3.8.3 实战案例——使用 Adobe XD 完成"首页"界面的适配输出

视频：视频 \ 项目 3\3.8.3.mp4　　　源文件：源文件 \ 项目 3\3.8.3.xd\

● 案例分析

在使用 Adobe XD 导出时，用户可以首先为需要导出的元素添加导出标记，然后执行"导出 > 批处理"命令，即可将添加了导出标记的元素导出。还可以直接选择想要导出的元素，然后执行"导出 > 所选内容"命令，直接将所选元素导出。本案例中的导出适配素材效果如图 3-138 所示。

扫码观看视频

图 3-138　导出适配素材

● 制作步骤

01 启动 Adobe XD 软件，将 3.6.xd 文件打开。在"首页"画板中选中导航栏中的左侧图标，如图 3-139 所示。勾选右侧属性面板上的"添加导出标记"复选框，如图 3-140 所示。

图 3-139　选中图标　　　　　　　图 3-140　勾选"添加导出标记"

02 检查所有需要导出的对象，是否都勾选了"添加导出标记"复选框。如果是多个对象想要作为一个对象导出，则要将这几个对象编组后，再勾选"添加导出标记"复选框，如图 3-141 所示。

图 3-141　检查是否勾选"添加导出标记"

03 单击软件界面左上角的 ≡ 图标，在弹出的菜单中执行"导出 > 批处理"命令，如图 3-142 所示。在弹出的"导出资源"对话框中设置参数，如图 3-143 所示。

图 3-142　执行导出命令　　　　　　　图 3-143　设置导出参数

移动 UI 设计实战（微课版）

108

04 单击"导出"按钮，稍等片刻，即可完成导出操作。导出的 3 个尺寸的素材如图 3-144 所示。界面中的一些元素具有交互的多种状态，如图 3-145 所示。

图 3-144　导出适配素材　　　　　　　　图 3-145　导出交互素材

3.9 | 举一反三——设计制作电子商务 App 界面

本案例设计制作了一个 iOS 系统下的电子商务 App 界面，并对其进行了标注与输出。通过本案例的制作，读者应掌握在 iOS 系统下设计制作 App 的方法与流程，并能够独立完成类似 App 界面的设计制作与输出。

使用前面所学的内容，读者可尝试设计图 3-146 所示的电子商务 App 界面。制作中要充分考虑 iOS 系统的设计要求和规范。

图 3-146　电子商务 App 界面

3.10 | 项目小结

本项目以制作电子商务 App 界面为任务，详细讲解了一个 App 产品从策划到输出的整个过程。帮助读者在了解 iOS 系统设计制作规范的同时，了解 App 界面设计常用的软件及操作方法。

通过本项目的学习，读者应掌握设计一个 App 界面的步骤和要点，并能够充分理解整个设计、制作和输出过程。

3.11 课后测试

完成本项目的学习内容后，接下来通过几道课后习题，检测一下读者学习 iOS 系统 App 界面设计的效果，同时加深读者对所学知识的理解。

3.11.1 选择题

1. 目前主流的电子商务 App，都是以（　　）产品为主。

A. 销售综合类　　　　　　B. 垂直电商　　　　　　C. 个性化　　　　　　D. 小众

2. 下列属性中不属于绘制用户画像属性的是（　　）。

A. 基本属性　　　　　　　B. 衍生属性　　　　　　C. 价值属性　　　　　　D. 经济属性

3. 下列全局边距选项中，不属于常见全局边距属性的是（　　）。

A. 30px　　　　　　　　　B. 20px　　　　　　　　C. 18px　　　　　　　　D. 32px

4. 在为 iOS 系统设计 App 界面时，一般都会以 iPhone 6 的尺寸为基准，也就是（　　）。

A. 750px×1334px　　　　　B. 640px×960px

C. 1125px×2436px　　　　　D. 以上都不对

5. 需要注意，iOS 切图需要在命名后加上（　　）后缀名。

A. @2x、@3x　　　　　　　B. iOS　　　　　　　　C. png　　　　　　　　D. 以上都不用加

3.11.2 判断题

1. App 项目是否成功，除了和项目中商品的价格有关之外，还和项目整体的定位、风格表达、引流方式、运营节奏等有非常大的关系。（　　）

2. 在开始制作 App 产品草图之前，首先要对 App 的界面尺寸和布局类型进行了解，以确保最终完成效果符合 iOS 系统要求。（　　）

3. 交互设计包括需求分析、用户流程设计、产品信息架构设计、产品原型设计和生成交互文档5 个步骤。（　　）

4. 标注界面时，在水平维度上，页面元素的宽度拉伸适配情况较为复杂，比较常见的有等分适配、百分比伸缩适配和固定一边适配。（　　）

5. 为了保证页面的美观性，标注界面前，千万不要与开发人员沟通，避免受到干扰。（　　）

3.11.3 创新题

根据本项目前面所学习和了解到的知识，设计制作运行在 iOS 系统上的养老产品的界面，具体要求和规范如下。

● 内容 / 题材 / 形式

运行在 iOS 系统上、以养老为题材的 App 界面。

● 设计要求

完成的 App 界面要符合 iOS 系统规范，界面精致美观，结构大胆创新，并符合养老主题风格。

项目 4

04 iOS 系统美食 App 界面设计

▶ 项目介绍

　　随着 iOS 系统的发展，出现了像 iPhone X 一样使用"刘海屏"的设备。设计师为"刘海屏"设备设计界面时，除了要严格遵守其特定的布局尺寸要求外，还要正确处理界面中的图片、文字和按钮等元素的尺寸设计，并做好不同设备间的适配工作，确保 App 界面能够在不同 iOS 设备上正确使用。

　　本项目将通过设计制作一款运行在 iPhone X 设备上的美食 App 的首页界面，使读者熟悉在"刘海屏"设备上设计制作 App 界面的方法和技巧。

4.1　美食 App 界面——"吃吃喝喝"设计

本项目将设计制作一款美食 App 产品——"吃吃喝喝"的工作界面，通过展示全工作流程向读者讲解 iOS 系统下 App 界面设计的规则和技巧。为了能够让读者更全面地了解不同设备分辨率下的界面设计方法，本案例将采用 iPhone X 的尺寸设计 App 界面，完成效果如图 4-1 所示。

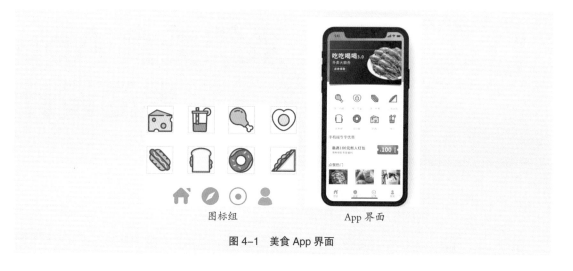

图 4-1　美食 App 界面

4.1.1　分析美食 App 项目背景

朋友聚会、家庭聚餐、客户谈生意等日常活动都离不开美食。因此，在互联网发达的今天，美食类 App 就有了存在的必要性。

生活中为吃美食排队等待的人群开始减少，这是因为大部分的美食都可以通过美食 App 预定。美食 App 不但为用户提供了便捷，而且将分享、优惠的功能融合在一起。用户可以对餐厅装潢、用餐环境、用餐服务及菜品进行评价。经营者可以通过美食 App 不定时地将餐厅的优惠信息和最新菜单通过智能终端传播给更多的用户。

美食 App 一般包括以下功能，如图 4-2 所示。

图 4-2　美食 App 功能

4.1.2 绘制美食 App 用户画像

一款 App 项目要想成功，首先要做到产品的精准定位，找到真正需要产品的用户，从而做到有的放矢。

● 用户性别

研究表明，美食类 App 下载用户中，女性用户的占比高达 72%。这可能与女性比较追求生活品质有关。

● 用户年龄

目前使用智能手机的人群主要是年轻人和中年人。其中，年轻人由于工作繁忙，很少有时间做饭，因此是使用美食 App 的主流人群。

采用上面的分析方法，获得该项目的用户画像，如表 4-1 所示。

表 4-1　美食 App 用户画像

性别	年龄段	消费能力	购物偏好	商品卖点
女性居多	20~29 岁	或高或低，追求快速、便捷	会频繁购买，偏向于购买新鲜的食物。同时会注重食物热量	便捷生活与快速送达

4.2　美食 App 草图制作

为了确保最后完成的 App 界面与产品经理策划的一致，在开始设计制作之前，可以先按照策划书的内容，将 App 产品的草图制作出来，得到产品经理和开发人员的认可后，再开始界面的设计制作。

4.2.1　美食 App 界面尺寸

项目 3 中的案例制作以 iOS 标准屏幕为基础。目前最新的 iOS 设备采用了"刘海屏"，其屏幕尺寸为 5.8 英寸、6.1 英寸和 6.5 英寸。每一种屏幕的设备及尺寸如表 4-2 所示。

表 4-2　"刘海屏"的设备及尺寸

屏幕尺寸	设备	屏幕尺寸	设计尺寸	倍率
5.8 英寸	iPhone X	1125px×2436px	375px×812px	@3x
	iPhone XS			
	iPhone 11 Pro			
6.1 英寸	iPhone XR	828px×1792px	414px×896px	@2x
	iPhone 11			
6.5 英寸	iPhone XS Max	1242px×2688px	414px×889px	@3x
	iPhone 11 Pro Max			

本项目使用 Adobe XD 完成该美食 App 界面的设计制作，为了便于适配所有 iOS 设备，采用了 iPhone X 的 @1x 尺寸（375px×812px）设计制作。输出时只需要输出适配 iPhone 6/6s/7/8/XR/11 的 @2x 图和适配 iPhone X/XS/XS Max/11 Pro/11 Pro Max 的 @3x 图即可。

在 @2x 情况下，iPhone X 界面尺寸如图 4-3 所示。由于本案例采用 @1x 尺寸设计制作，因此状态栏高度为44px，导航栏高度为44px，标签栏高度为49px，主页指示器高度为34px，如图4-4所示。

图 4-3　iPhone X @2x 界面尺寸

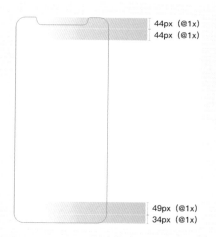

图 4-4　iPhone X @1x 界面尺寸

4.2.2　美食 App 界面布局类型

该项目首页按照功能分为顶部、中部和底部3部分。顶部采用选项卡布局方式，通过一款 banner 展示 App 最新推出的活动及相关内容。为了能够展示更多内容，该 banner 采用多层级结构，顶部布局方式如图4-5所示。

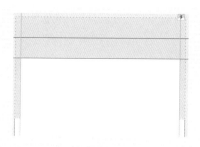

图 4-5　顶部布局方式

中部采用宫格布局方式，不同的分类整齐排列，信息内容简单明了。既方便用户快速查找，又使整个页面看起来规矩整齐，如图4-6所示。采用宫格布局方式非常有利于内容区域随屏幕分辨率的不同而自动伸展宽高，同时宫格布局方式也是 iOS 和 Android 开发人员比较容易编写的一种布局方式。

图 4-6　中部布局方式

底部的布局方式比较多样化，整体采用了列表式布局方式，将复杂的页面内容以列表的形式分为移动端专属优惠、点餐热门、推荐套餐和进店必点 4 个部分，如图 4-7 所示。

图 4-7　底部布局方式

每一部分又采用了选项卡布局方式来布局内容，整体效果看起来虽然有些笨重，但却是展示丰富产品种类的最佳布局方式。

4.2.3　实战案例——设计制作美食 App"首页"草图

视频：视频 \ 项目 4\4.2.3.mp4　　　源文件：源文件 \ 项目 4\4.2.3.rp

扫码观看视频

● 案例分析

本案例将使用 Axure RP 完成美食 App"首页"草图的制作，完成的 App"首页"草图效果如图 4-8 所示。

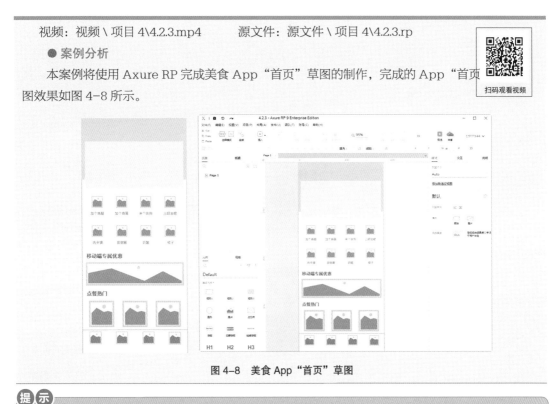

图 4-8　美食 App"首页"草图

提示

简单来说，Axure RP 可以制作出高仿真的网站产品草图，而 Adobe XD 只能用来制作界面的结构及简单交互的草图效果。但是 Axure RP 制作的页面只能用来展示效果，不能输出供开发人员使用，而 Adobe XD 制作的页面却可以直接输出供开发人员使用。

● 制作步骤

01 启动 Axure RP 9，单击"新建文件"按钮，软件界面如图 4-9 所示。将"矩形 1"元件拖入工作区中，并在右侧的"样式"面板中设置矩形的参数，如图 4-10 所示。

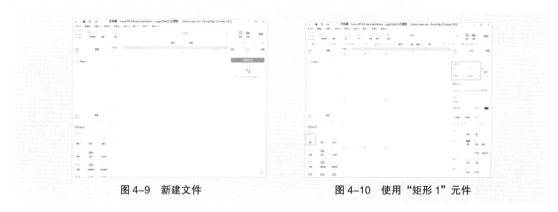

图 4-9　新建文件　　　　　　　　　　　　图 4-10　使用"矩形 1"元件

02 执行"视图 > 标尺 > 网格 > 辅助线 > 创建辅助线"命令，在弹出的"创建辅助线"对话框中设置各项参数，如图 4-11 所示。单击"确定"按钮，创建状态栏辅助线，如图 4-12 所示。

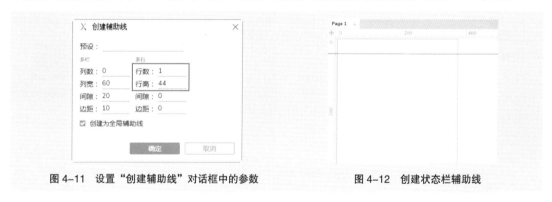

图 4-11　设置"创建辅助线"对话框中的参数　　　　图 4-12　创建状态栏辅助线

03 继续使用相同的方法，分别创建状态栏、导航栏、标签栏和主页指示器的辅助线，完成效果如图 4-13 所示。将"矩形 3"元件拖入界面中，并在"样式"面板中修改其尺寸为375px×218px，如图 4-14 所示。

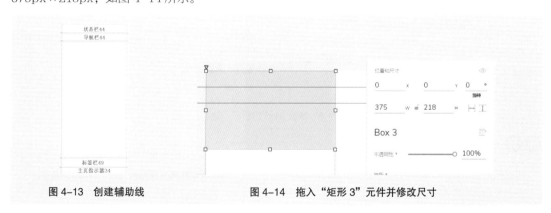

图 4-13　创建辅助线　　　　　　　　　　图 4-14　拖入"矩形 3"元件并修改尺寸

04 将光标移动到左侧标尺上，按下鼠标左键，同时向右拖曳，创建12px的边界辅助线，如图4-15所示。将"矩形2"元件拖曳到界面中，调整其大小和位置，如图4-16所示。

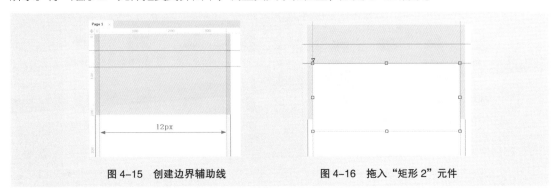

图 4-15　创建边界辅助线　　　　图 4-16　拖入"矩形 2"元件

提示

　　界面的边界尺寸没有固定的设置，用户可以根据 App 内容和界面的设计风格来设置边界。边界尺寸通常为 2 的倍数。

05 将"图片"元件拖曳到界面中，调整其大小为 40px×40px，如图 4-17 所示。将"文本标签"元件拖曳到界面中，修改文本内容，并在"样式"面板中设置各项参数，如图 4-18 所示。

图 4-17　拖入"图片"元件并调整大小　　　　图 4-18　拖入"文本标签"元件并设置参数

06 将图片和文本同时选中，单击工具栏上的"组合"按钮，将两个元素组合，如图 4-19 所示。按下键盘上【Ctrl】键的同时，拖曳组合元件，复制 3 个组合元件，效果如图 4-20 所示。

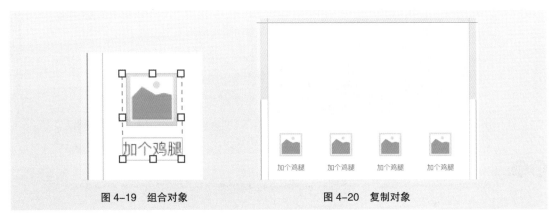

图 4-19　组合对象　　　　图 4-20　复制对象

07 选中 4 个组合元件，按下键盘上【Ctrl】键的同时，向下拖曳复制，效果如图 4-21 所示。依次双击组合元件，修改文本内容，完成效果如图 4-22 所示。

图 4-21　复制组合元件　　　　　　　　　　图 4-22　修改文本内容

08 将"三级标题"元件拖入界面中，修改文本内容，并在"样式"面板上设置各项参数，如图 4-23 所示。将"图片"元件拖入界面中，修改其各项参数，如图 4-24 所示。

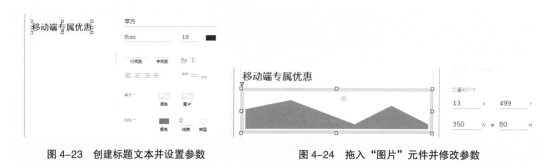

图 4-23　创建标题文本并设置参数　　　　图 4-24　拖入"图片"元件并修改参数

09 使用相同的方法，完成"点餐热门"栏目的制作，完成效果如图 4-25 所示。继续使用相同的方法完成"推荐套餐"栏目的制作，完成效果如图 4-26 所示。

图 4-25　制作"点餐热门"栏目　　　　　图 4-26　制作"推荐套餐"栏目

提示

界面中的产品图片尺寸并不一定要完全一致，用户可以根据图片的重要程度来决定图片的大小。但是同一类图片应采用相同的尺寸。

10 继续使用相同方法完成"进店必点"栏目的制作，完成效果如图 4-27 所示。在界面中，选中除标签栏矩形以外的其他元素，单击鼠标右键，选择"转换为动态面板"选项，在"样式"面板中将其命名为"整体"，如图 4-28 所示。

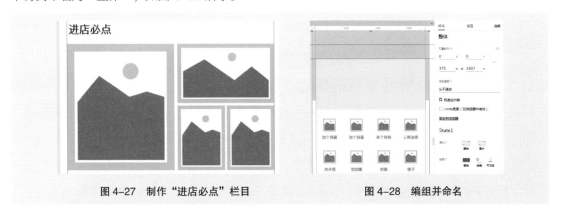

图 4-27　制作"进店必点"栏目　　　　　图 4-28　编组并命名

11 使用相同的方法，完成标签栏的制作，效果如图 4-29 所示。选中"整体"动态面板，单击"交互"面板下的"新建交互"按钮，依次选择"拖动时 > 移动"选项，选择"整体"动态面板，如图 4-30 所示。

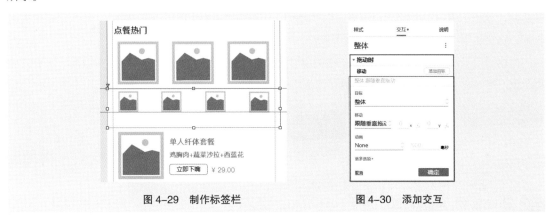

图 4-29　制作标签栏　　　　　　　图 4-30　添加交互

12 单击下面的"更多选项"选项，单击"添加界限"选项，设置"顶部"小于等于 0，单击"确定"按钮，如图 4-31 所示。单击软件界面右上角的"预览"按钮，预览效果如图 4-32 所示。完成美食 App"首页"草图的制作。

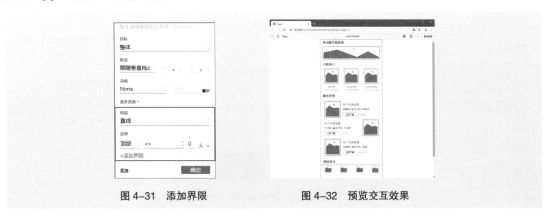

图 4-31　添加界限　　　　　　　图 4-32　预览交互效果

4.3　美食 App 界面色彩搭配

　　根据策划方案的内容完成了美食 App 草图制作后，要交给各部门确认，确认后即可开始界面的设计制作工作。在开始设计工作之前，首先要确定 App 界面的配色方案，以保证整个项目风格统一。配色方案通常包括主色、辅助色、点缀色和文本色。

4.3.1　美食 App 界面主色的确定

　　本项目为一款美食 App 产品，该产品要向用户销售各种美食。界面要随时向用户传递出美味、可口的视觉感受。在众多色彩中符合美食 App 要求并能够传达味觉的颜色有红色、黄色和橙色，这些温暖的颜色像极了苹果、香蕉和橙子，如图 4-33 所示。

图 4-33　符合美食 App 要求的颜色

　　红色和黄色虽然都是能够传达味觉的颜色，但是如果大面积使用，会给人带来烦躁、跳跃的色彩意象，不利于用户长时间浏览页面。而橙色则在带给用户美味可口感觉的同时，又不会显得过于热闹，局部使用可以与该美食 App 主题相符，因此该案例把橙色作为主色。

　　橙色明度较高，为了不过于突出，界面中将使用中性色对其进行调和，降低其热闹、欢快的色彩意象，图 4-34 为本项目界面中使用的主色。

ff6400

图 4-34　确定界面主色

4.3.2　美食 App 辅助色和点缀色的确定

　　确定主色后，接下来可以根据主色确定辅助色。美食 App 中通常会展示很多美食图片，这些图片的色彩非常丰富，为了避免界面中颜色过多分散用户对产品的注意力，本案例将使用中性色——黑色、白色和灰色作为辅助色，如图 4-35 所示。

图 4-35　确定辅助色

　　页面中需要突出显示的部分，可以使用主色作为点缀色，不需要再另行搭配其他颜色。这样既保证了页面色调的统一，又很好地起到了强调的作用，如图 4-36 所示。

图 4-36　确定点缀色

4.3.3　美食 App 文本色的确定

美食 App 中文本的内容相对较少，通常包括标题文本、说明文本和强调文本 3 种。标题文本可采用深灰色作为文本色；说明文本在大小和颜色上相对于标题文本都要有所降级，可采用浅灰色作为文本色；而强调文本可以简单直接使用主色作为文本色，如图 4-37 所示。

图 4-37　确定界面文本色

4.4　美食 App 界面的页面元素分析

美食 App 界面中的元素包括图片、文字和图标。图片的作用主要是展示美食产品，文字的作用主要是对活动或产品进行介绍，图标的作用主要是提示信息与强调产品的重要特征。本项目中案例界面元素的设计规范分析如下。

4.4.1　界面中的图片设置

对于一款美食 App 产品来说，图片的作用是毋庸置疑的，色彩鲜艳、能激发人食欲的图片是促进用户点击浏览的一个重要原因。

另外，图片的比例选择也会直接影响界面效果。如果界面产品定位以内容为主，那么图片可以选择 3：2 的比例。如果界面产品定位以图片为主，则图片可以选择 4：3 的比例。这是因为 4：3 比例的图片相对于 3：2 比例的图片来说，在同屏的情况下前者占比更大，如图 4-38 所示。

图 4-38　不同比例的图片占比

本案例的界面为美食 App 的首页面，该页面中的图片大多是为了促进销售的，需要突出产品的主体，因此选择了能够突出产品主体的 1：1 的比例，使图片构图趋于简单化，突出产品主体的存在感，如图 4-39 所示。

图 4-39　1∶1 比例的图片

4.4.2　界面中的文字设置

　　iOS 系统中的字体应选择苹果公司的苹方字体，字号大小应以 2 的倍数进行划分。本项目按照标题的文字层级分别使用 12pt、14pt、16pt 和 18pt 字号的文字，图 4-40 所示为界面中文字的字体和字号。

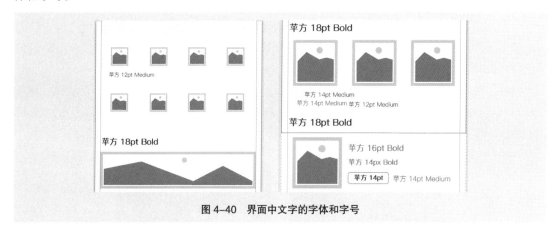

图 4-40　界面中文字的字体和字号

4.4.3　界面中的图标设置

　　本案例界面中的图标有系统图标和功能图标两种。界面底部标签栏上的系统图标尺寸为 44px × 44px，如图 4-41 所示。

图 4-41　系统图标尺寸

由于本案例采用了 1x 的尺寸，因此将界面中的分类图标尺寸设置为 40px×40px，如图 4-42 所示。

图 4-42　分类图标尺寸

虽然设置的尺寸为 40px×40px，但在最终使用时，会添加 2px 的边界，因此分类图标的尺寸与系统图标尺寸相同，也为 44px×44px。

4.4.4　实战案例——设计制作美食 App 图标组

视频：视频 \ 项目 4\4.4.4.mp4　　　　　　源文件：源文件 \ 项目 4\4.4.4.xd

● 案例分析

本案例将使用 Adobe XD 设计完成一组美食 App 的图标组。图标组包括 4 个系统图标和 8 个分类图标。图标采用了扁平化风格，简单直接地将分类的属性通过图标的形式展现出来。完成的图标组效果如图 4-43 所示。

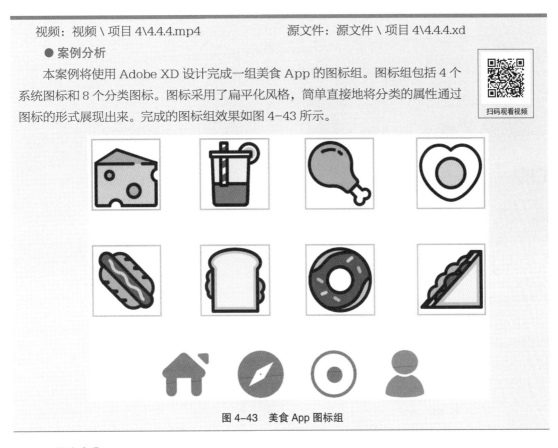

图 4-43　美食 App 图标组

● 制作步骤

01 启动 Adobe XD，单击 iPhone X/XS 选项上方的图标，如图 4-44 所示。新建一个文件，软件界面如图 4-45 所示。

图 4-44　单击 iPhone X/XS 图标　　　　　　图 4-45　新建文件

02 双击新建文档中的画板名，修改其名称为"图标组"，如图 4-46 所示。单击左侧工具箱中的"矩形"按钮，在画板上绘制一个 40px×40px 的矩形，如图 4-47 所示。

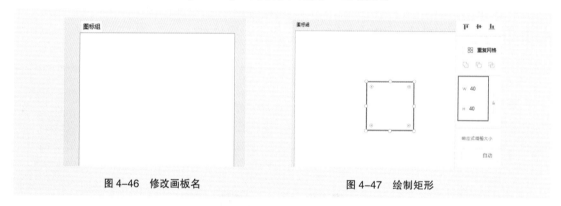

图 4-46　修改画板名　　　　　　　　　　图 4-47　绘制矩形

03 按下组合键【Ctrl+L】，将矩形锁定。使用"矩形"工具在画板中绘制一个 38px×26px 的矩形，将"填充"颜色设置为 #FFD45F，"边界"颜色设置为 #622C47，边界"大小"与圆角半径设置如图 4-48 所示。矩形效果如图 4-49 所示。

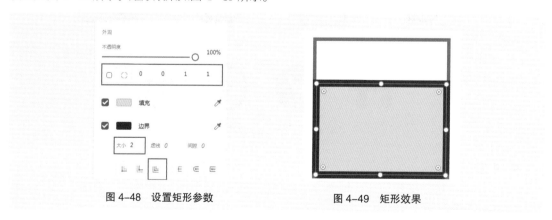

图 4-48　设置矩形参数　　　　　　　　图 4-49　矩形效果

04 使用"椭圆"工具绘制两个 9px×9px 的椭圆，调整到图 4-50 所示的位置。将矩形和两个椭圆同时选中，单击属性面板上的减去按钮，得到图 4-51 所示的效果。

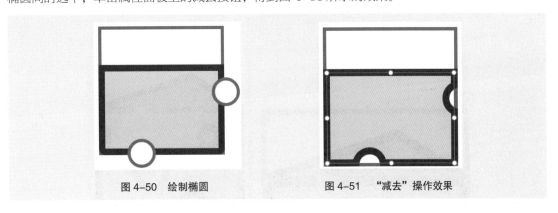

图 4-50　绘制椭圆　　　　　图 4-51　"减去"操作效果

> **提示**
>
> 执行过"减去"操作后，用户可以通过双击图形进入"减去"操作层级，通过调整被减去对象的大小和位置修改减去效果。

05 在矩形上双击鼠标左键后，再次双击鼠标左键进入图形编辑模式，如图 4-52 所示，在矩形上单击插入一个锚点，向上拖曳添加的锚点，效果如图 4-53 所示。

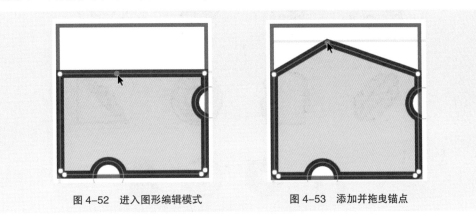

图 4-52　进入图形编辑模式　　　　图 4-53　添加并拖曳锚点

06 使用"直线"工具绘制两条直线，效果如图 4-54 所示。使用"椭圆"工具绘制图 4-55 所示的两个椭圆。

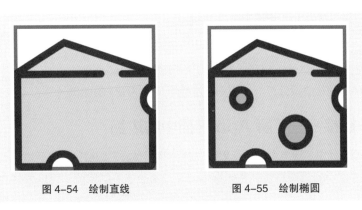

图 4-54　绘制直线　　　　　图 4-55　绘制椭圆

07 使用"钢笔"工具绘制一个三角形，设置其"填充"颜色为 #FFAB47，"边界"为无，调整排列顺序，效果如图 4-56 所示。选中矩形外框，按下组合键【Ctrl+L】，取消矩形锁定，修改矩形尺寸为 44px×44px，调整矩形位置，如图 4-57 所示。

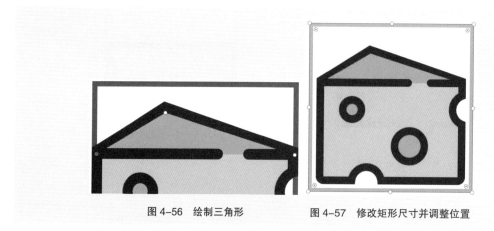

图 4-56 绘制三角形   图 4-57 修改矩形尺寸并调整位置

08 接下来，采用相同的方法，绘制该美食 App 中的其他图标，完成效果如图 4-58 所示。

图 4-58 绘制美食 App 图标组

4.5 | 美食 App 界面设计

完成图标组的制作后，接下来开始制作该 App 的"首页"界面。App 的风格要与图标的风格保持一致，都采用极简化的设计风格，否则很难给用户留下统一的印象。

4.5.1 知识链接——了解 App 界面中的边距

在移动端界面设计中，规范页面中元素的边距和间距是非常重要的。页面是否美观、简洁、通透，都与边距和间距的设计规范有直接关系。根据边距和间距的不同位置，可以分为全局边距、卡片间距和内容间距。

● 全局边距

全局边距是指页面内容到屏幕边缘的距离，整个应用的界面都应该以此来进行规范，以达到页面整体视觉效果的统一。全局边距的设置可以更好地引导用户垂直向下浏览。图 4-59 所示为淘宝 App iOS 版本界面。

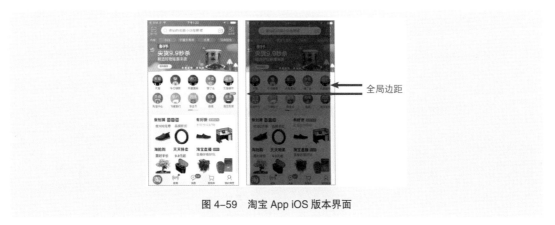

图 4-59　淘宝 App iOS 版本界面

在实际应用中应该根据产品的不同风格来设置不同的全局边距，让边距成为界面的一种设计语言。在 iOS 系统中，常用的全局边距有 32px、30px、24px、20px 等。如图 4-60 所示，iOS 系统边距为 30px，微信 App 界面边距为 35px，工商银行 App 界面边距为 30px。

图 4-60　不同 App 的边距

边距的大小并没有一个固定数值，但是通常会被设置为偶数。还可以将界面中的图片通栏显示，不留边距，如图 4-61 所示。图片通栏显示更容易让用户将注意力集中到每个图片的内容本身，其视觉流在向下浏览时，因为没有留白的引导而被图片直接割裂，从而在图片上停留更长时间。

图 4-61　图片通栏显示

● 卡片间距

卡片式布局是移动端界面设计中非常常见的一种布局方式，图 4-62 所示为卡片式布局中的一种。

通常，卡片和卡片之间的距离是根据界面的风格以及卡片承载信息的多少来确定的，由于过小的间距会增加浏览者的紧张情绪，因此卡片间距通常不小于 16px，常见的间距有 20px、24px、30px 和 40px 等，当然距离也不宜过大，过大的间距会使界面变得松散。图 4-63 所示为 iOS 系统 "设置" 页面卡片间距。

图 4-62　卡片式布局　　　　　图 4-63　iOS 系统 "设置" 页面卡片间距

提示

为了便于浏览者区分不同卡片，间距的颜色可以设置得与界面分割线一致，也可以设置得更浅一些。通常会采用较低纯度的灰色。

4.5.2　技术引入——设置 App 内容间距

一款 App 产品除了组件（状态栏、导航栏、标签栏）和控件以外，还有内容。内容的布局形式多种多样，此处只讨论内容的间距设置问题。

元素之间的相对距离会影响浏览者感知它们是否组织在一起，互相靠近的元素看起来属于一组，而那些距离较远的元素则自动划分在组外。如图 4-64 所示，左图中的圆的水平距离比垂直距离近，浏览者在视觉上会将其看成 4 排圆点，而右图则会将其看成 4 列圆点。

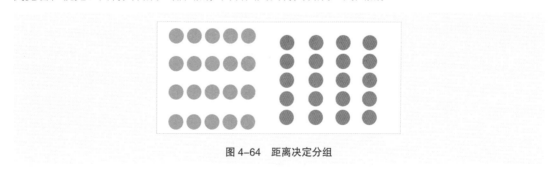

图 4-64　距离决定分组

在设计界面内容布局时，一定要重视邻近性原则的运用。图 4-65 所示的 App 主界面中，每一个应用名称都远离其他图标，而与对应的图标距离较近，让浏览者的浏览变得更加直观。当应用名称与上下图标距离相同时，则分不出它是属于上面的图标还是下面的图标，会使人产生错乱的视觉体验，如图 4-66 所示。

图 4-65　运用邻近性原则

图 4-66　错乱的视觉体验

> **提示**
>
> 　　邻近性原则指的是对于彼此相近的事物、元素，人们倾向于认为它们是相关的。根据此原则，浏览者会自动将数据和不同的对象分组。

4.5.3　实战案例——设计制作美食 App 界面

视频：视频 \ 项目 4\4.5.3.mp4　　　源文件：源文件 \ 项目 4\4.5.3.xd

● 案例分析

　　本案例将使用 Adobe XD 软件设计制作一个美食 App 界面。该界面共分为广告、导航和内容展示 3 部分，使读者在熟悉美食网站的制作流程的同时，熟悉 Adobe XD 的基本界面和操作。完成的美食 App 界面效果如图 4-67 所示。

扫码观看视频

图 4-67　美食 App 界面效果

● 制作步骤

01 启动 Adobe XD 软件，单击左侧的"您的计算机"选项，将 4.4.4.xd 文件打开，如图 4-68 所示。单击工具箱中的"画板"工具，在画板中单击创建一个新的画板，修改画板名称为"首页"，如图 4-69 所示。

图 4-68　打开文件　　　　　　　　　　　图 4-69　创建新画板

02 将鼠标移动到"首页"画板的顶部和左侧，向下、向右拖曳，创建组件辅助线和边距辅助线，如图 4-70 所示。打开"模板 .xd"文件，将 iPhone X 状态栏图标复制并粘贴到状态栏中，如图 4-71 所示。

图 4-70　创建辅助线　　　　　　　　　　图 4-71　复制状态栏图标

03 单击左上角的 ≡ 图标，在弹出的菜单中选择"导入"选项，将 banner.png 文件导入，调整其大小、位置，如图 4-72 所示。使用"矩形"工具在画板中绘制一个 351px×220px 的矩形，如图 4-73 所示。

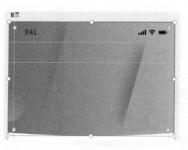

图 4-72　导入图片素材

图 4-73　绘制矩形

04 将 pop.png 图片拖到画板中刚刚绘制的矩形上，取消矩形的"边界"勾选，效果如图 4-74 所示。按下【Alt】键的同时复制"图标组"画板中的分类图标，并将其拖入"首页"画板中，排列效果如图 4-75 所示。

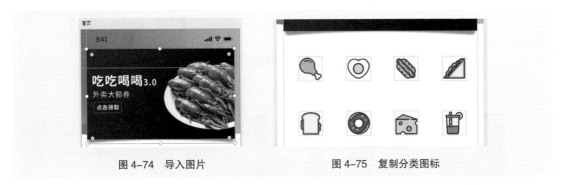

图 4-74 导入图片 　　　　　图 4-75 复制分类图标

05 使用"文本"工具在画板中单击并输入文本，如图 4-76 所示。继续使用相同的方法为所有分类添加文本，并删除图标外框，完成效果如图 4-77 所示。

图 4-76 输入文本 　　　　　图 4-77 为所有分类添加文本

06 使用"文本"工具在画板中单击并输入文本，如图 4-78 所示。使用"矩形"工具在画板中创建一个 350px×80px 的矩形，将素材图片 coupon.png 直接拖到矩形上，效果如图 4-79 所示。

图 4-78 输入文本 　　　　　图 4-79 导入图片素材

07 继续使用"文本"工具输入文本，使用"矩形"工具创建一个 90px×90px 的矩形，如图 4-80 所示。将外部素材图片分别拖到矩形上，效果如图 4-81 所示。

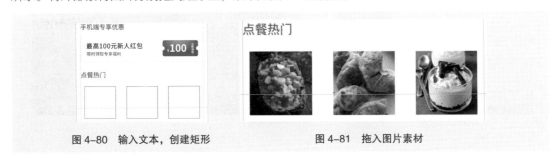

图 4-80 输入文本，创建矩形 　　　　　图 4-81 拖入图片素材

08 使用"文本"工具在画板中输入文本内容，效果如图 4-82 所示。在"首页"画板名称处单击鼠标左键或者在画板上双击鼠标左键，拖曳画板底部控制点，向下扩展画板，效果如图 4-83 所示。

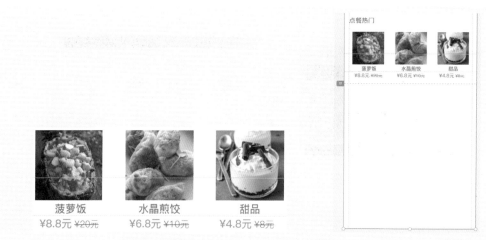

图 4-82　输入文本

图 4-83　向下扩展画板

09 使用"文本"工具和"矩形"工具制作图 4-84 所示的内容。继续使用"矩形"工具和"文本"工具制作图 4-85 所示的按钮。

图 4-84　制作"热门套餐"栏目

图 4-85　制作按钮

10 继续使用相同的方法完成"热门套餐"栏目中的其他内容，如图 4-86 所示。接下来使用相同的方法，完成"进店必点"栏目的制作，完成效果如图 4-87 所示。

图 4-86　制作"热门套餐"栏目中其他内容

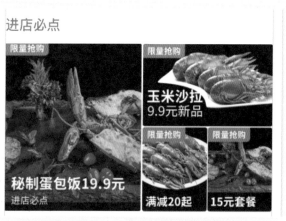

图 4-87　制作"进店必点"栏目

11 使用"矩形"工具创建一个 375px×84px 的矩形，如图 4-88 所示。将图标组画板中的系统图标复制到图 4-89 所示的位置。

图 4-88　绘制矩形　　　　　　　　　　图 4-89　复制系统图标

12 将图标的高度修改为20px后，使用"文本"工具分别为图标添加文本内容，完成效果如图4-90所示。

图 4-90　输入文本

提示

界面底部系统图标的尺寸应为 44px×44px。本案例中的图标包括图标和文字两部分，为了确保输出尺寸正确，可以将图标和文字编组后，再将其高度设置为 44px。

13 按下组合键【Shift+Ctrl+S】，将文件保存，完成美食 App 界面的设计，最终效果如图 4-91 所示。

图 4-91　美食 App 最终界面效果

4.6　美食 App 交互设计

　　界面设计制作完成后，接下来要为界面添加一些与交互相关的内容，以确保能够引导用户正确浏览并使用该界面。美食 App 界面中图片较多，为了避免页面效果过于杂乱，应尽量减少交互动画的效果，只做简单的鼠标交互即可。

4.6.1　Adobe XD 检查 App 界面交互

　　Adobe XD 除了可以设计制作 UI 以外，还可以制作简单的产品原型，帮助用户检查 App 界面的交互效果。单击软件界面顶部的"原型"选项，即可进入原型制作模式，如图 4-92 所示。

　　选中界面中的画板或对象，右侧会出现一个蓝色图标，如图 4-93 所示。

图 4-92　进入原型制作模式　　　　　　　图 4-93　蓝色图标

　　在蓝色图标上单击并拖曳，可以连接到另一个页面上，创建一个链接，如图 4-94 所示。这样即可实现当鼠标单击当前页面时调整到链接页面的效果，如图 4-95 所示。

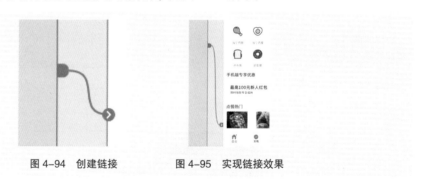

图 4-94　创建链接　　　　　　　图 4-95　实现链接效果

　　如果界面的高度超过画板的高度，则在界面的左侧会出现一个蓝色的标记，其用来标记当前位置为界面浏览的第一屏位置，如图 4-96 所示。设计师可以通过上下拖曳标记的位置，控制预览时第一屏的位置，如图 4-97 所示。

图 4-96　第一屏标记　　　　　　　图 4-97　调整第一屏位置

用户可以在右侧"交互"面板上设置"触发""动作""目标"和"动画"的参数，如图 4-98 所示。还可以设置交互动画的缓动效果和持续时间，如图 4-99 所示。

图 4-98　设置交互参数 1 　　　图 4-99　设置交互参数 2

4.6.2　实战案例——设计制作美食 App 交互效果

视频：视频 \ 项目 4\4.6.2.mp4　　　源文件：源文件 \ 项目 4\4.6.2.xd

● 案例分析

在本案例中，当用户点击菜单时，会改变菜单的文字颜色，实现简单的交互效果。设计师要将交互效果在界面中清晰地展示出来，完成效果如图 4-100 所示。

扫码观看视频

图 4-100　界面文本交互效果

● 制作步骤

01 启动 Adobe XD，将 4.5.3.xd 文件打开，界面效果如图 4-101 所示。选择"首页"画板，选中页面中部标签栏中的首页文字，修改其文本颜色为 #F77A14，效果如图 4-102 所示。

图 4-101　打开文件　　　　　　　　　　图 4-102　修改文本交互颜色

02 将标签栏上的矩形、图标和文本都选中，如图 4-103 所示。单击鼠标右键，在弹出的快捷菜单中选择"组"选项，将所选对象编组，如图 4-104 所示。

图 4-103　选中对象　　　　　　　　　　图 4-104　编组

03 单击软件界面上的"原型"选项，进入原型制作模式，如图 4-105 所示。选中标签栏中的组，勾选右侧面板上的"滚动时固定位置"选项，如图 4-106 所示。

图 4-105　进入原型制作模式　　　　　　图 4-106　滚动时固定位置

04 单击软件界面右上角的"桌面预览"按钮，如图 4-107 所示。滚动鼠标滚轴预览页面效果，如图 4-108 所示。

图 4-107　桌面预览　　　　　　　　　　图 4-108　预览效果

4.7 美食 App 界面标注

界面设计完成后，接下来要对界面进行标注操作。标注对 App 界面开发人员来说是非常重要的，开发人员能否完美地还原设计稿，很大程度上取决于界面的标注。

4.7.1 App 界面的标注内容

不需要将每一张效果图都进行标注，多个页面共同的地方可以只标注一次，如导航栏文字大小、颜色、左右边距等。标注的页面能保证开发人员顺利地进行开发工作即可。图 4-109 所示为已完成的页面标注效果。

图 4-109 页面标注效果

通常需要标注的有如下内容。

段落文字：字体大小、字体颜色、行距。

布局控件属性：控件宽高、背景色、透明度、描边、圆角大小。

列表：列表高度、列表颜色、列表内容、上下左右间距。

间距：控件之间的距离、左右边距。

4.7.2 列总表

成功标注的效果图其实是一张准确的工程图纸，其能够让开发人员对设计稿进行像素级还原，因此源文件本身必须做得规范标准。从整体到局部细节，页面每个元件的摆放位置、大小尺寸、色彩都要遵循一定标准，做到有规律、有章法、有延续性。

项目中通用的元素有背景、基本主色和线条等；常用的模块有状态栏、标签栏等，它们都会在每个页面中反反复复地出现。对于这些反复出现的内容，只需统一声明一次即可，无需重复声明。

下面选择一个具有代表性的页面进行说明，如图 4-110 所示。

图 4-110　标注总表配图

将声明做成一篇文档、一份表格或者一张图，如图 4-111 所示。将其交给开发人员，就能解决页面中的许多问题。声明中罗列的内容越详细，后面需要标注的内容就越少。

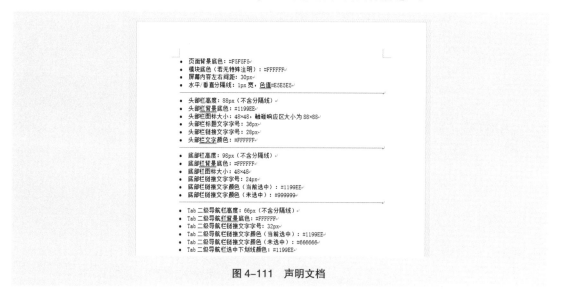

图 4-111　声明文档

4.7.3　实战案例——使用 PxCook 标注美食 App 界面

视频：视频 \ 项目 4\4.7.3.mp4　　　　　源文件：源文件 \ 项目 4\4.7.3.pxcp

● 案例分析

完成美食 App 界面的图标组和界面设计后，需要开发人员编码完成最终的 App 项目。为了便于开发人员制作出与设计稿完全相同的界面，要将最终完成的设计稿标注并切片输出。本案例将使用 PxCook 完成界面的标注，完成的标注效果如图 4-112 所示。

图 4-112　界面标注效果

> 提示
>
> 总结一下，界面标注的内容为：标文字、标间距、标大小和标区域。标注颜色时，建议使用十六进制的颜色值。

● 制作步骤

01 启动 Adobe XD 软件，将 4.6.2.xd 文件打开，效果如图 4-113 所示。选中"首页"画板，单击软件左上角的 ☰ 图标，在弹出的菜单中选择"导出 >PxCook"命令，弹出"创建项目"对话框，设置各项参数，如图 4-114 所示。

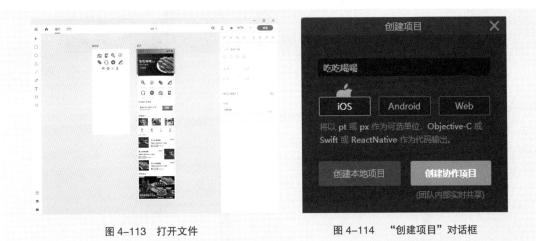

图 4-113　打开文件　　　　　　　图 4-114　"创建项目"对话框

02 单击"创建本地项目"按钮，在弹出的"导入画板"对话框中选择"首页"画板，如图 4-115 所示。单击"导入"按钮，将"首页"画板导入到 PxCook 中，双击缩略图进入首页标注界面，效果如图 4-116 所示。

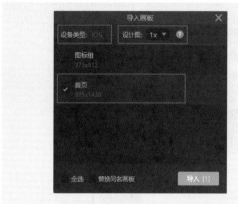

图 4-115　"导入画板"对话框

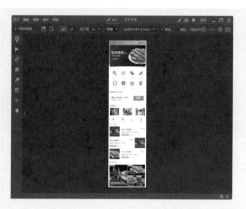

图 4-116　进入首页标注界面

03 在软件顶部的标签栏中设置标注的各项参数，如图 4-117 所示。

图 4-117　设置标注属性

04 选中顶部的图片，单击左侧工具箱上的"生成尺寸标注"按钮，标注效果如图 4-118 所示。拖曳调整标注的位置，效果如图 4-119 所示。

图 4-118　生成尺寸标注

图 4-119　调整标注的位置

05 选择项目图标，如图 4-120 所示。将光标移动到图标上，按下鼠标左键向左侧边界拖曳图标，边界标注效果如图 4-121 所示。

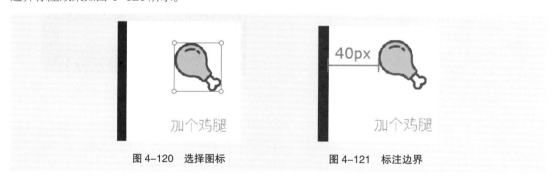

图 4-120　选择图标　　　　　　　　　　图 4-121　标注边界

06 使用相同的方法，标注图标之间和图标与文字之间的间距，标注效果如图 4-122 所示。选择文本内容，单击"生成文本样式标注"按钮，文本标注效果如图 4-123 所示。

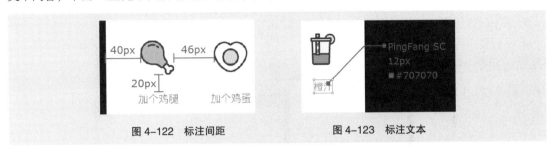

图 4-122　标注间距　　　　　　　　　　图 4-123　标注文本

07 拖曳调整文本标注的位置，并在工具栏中修改需要标注的内容，如图 4-124 所示。调整标注效果，如图 4-125 所示。

图 4-124　修改文本标注内容　　　　　　图 4-125　调整文本标注效果

08 使用相同的方法，将界面中文本属性和间距标注出来，标注效果如图 4-126 所示。

图 4-126　页面标注效果

4.8　美食 App 界面的适配与切图

　　App 切图是实现设计效果的重要环节，开发人员在实现界面效果的过程中需要计算好各个元素的位置和排列方式，然后通过调用设计师切片输出的图像进行填充。符合规范的切图能够帮助开发人员提高产品的开发效率。

4.8.1　iOS 系统适配 iPhone X

与苹果公司之前发布的 iOS 设备相比，iPhone X 的像素分辨率发生了变化，为 1125px×2436px。与 iPhone 6 相比，iPhone X 的顶部状态栏高度增加为 88px，底部增加了高度为 68px 的主页指示器，如图 4-127 所示。

图 4-127　iPhone X 界面

在实际工作中，为了方便向上和向下适配，仍然可以选择熟悉的 iPhone 6 的尺寸（750px×1334px）作为模板进行设计，将高度增加 290px，设计尺寸为 750px×1624px（@2x）。设计完成之后，将设计稿的图像大小扩大 1.5 倍，即可得到 1125px×2436px（@3x）尺寸的设计稿。

适配主页指示器有两种情况：当底部出现标签栏、工具栏等操作设计时，需要将底色下延 68px 并填充原有颜色，这样的处理可以让底部设计更加简洁，如图 4-128 所示；当没有功能操作时，页面底部不需要填充颜色，只需盖住主页指示器即可，如图 4-129 所示。

图 4-128　底色下延适配主页指示器

图 4-129　直接遮盖主页指示器

> **提示**
>
> 对于大多数采用瀑布流的界面来说，若仅是屏幕高度上的变化，则可以无视。但对于新手引导页、音乐播放器等需要单屏显示的界面就需要重新布局。

4.8.2　切图操作中的两个重要因素

切图尺寸和命名规范是切图操作中的两个重要因素。

● **所有切图尺寸必须为双数**

智能手机的屏幕大小都是双数值，例如，通常使用的 iOS 设计稿 iPhone 7 的屏幕分辨率为 750px×1334px。

切图资源尺寸必须为双数，这是为了保证切图资源在开发人员进行开发时能够高清显示。1px 是智能手机能够识别的最小单位，也就是说 1px 不能在智能手机中再被分为两份，因此如果以单数切图的话，手机系统就会自动拉伸切图，从而导致切图元素边缘模糊，造成开发出来的 App 界面效果与原设计效果有差别。如图 4-130 所示，双数像素切图效果清晰，单数像素切图效果模糊。

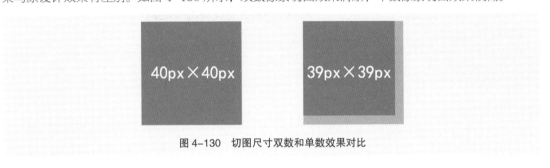

图 4-130　切图尺寸双数和单数效果对比

● **切图命名全部为小写英文字母**

由于开发人员的代码里只有英文字母，因此如果提供的切图名称为中文，那么开发人员还要进行更改。为了避免出现这种情况，提高工作效率，建议切图命名全部使用小写的英文字母。这样既能方便开发人员直接使用，又能避免他们随意修改名称。

4.8.3　实战案例——完成"首页"界面素材切片输出

视频：视频 \ 项目 4\4.8.3.mp4　　　　　源文件：源文件 \ 项目 4\4.8.3\

● **案例分析**

完成界面标注后，设计师需要将界面中的图像等元素输出为单独文件，以供开发人员开发程序时直接调用。输出的文件在命名上要遵守一定的规范，这个规范并不是唯一的，通常命名就是需要告诉开发人员，文件是什么、在哪里、在第几页、是什么状态等信息。本案例导出元素效果，如图 4-131 所示。

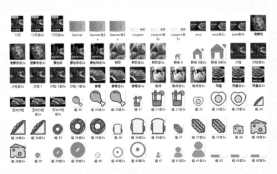

扫码观看视频

图 4-131　界面元素导出效果

01 启动 Adobe XD 软件，将 4.6.2.xd 文件打开，效果如图 4-132 所示。选中"首页"画板，勾选右侧面板底部的"添加导出标记"复选框，如图 4-133 所示。

图 4-132　打开文件　　　　　　　图 4-133　添加导出标记

02 将需要作为一款元素导出的对象编组，如图 4-134 所示。勾选右侧面板底部的"添加导出标记"复选框，如图 4-135 所示。

图 4-134　编组对象　　　　　　　图 4-135　添加导出标记

03 逐一检查界面中需要导出的元素是否添加导出标记，如图 4-136 所示。

图 4-136　导出元素添加导出标记

04 单击软件界面左上角的 ≡ 图标，在弹出的菜单中选择"导出 > 批处理"选项，如图 4-137 所示。设置"导出资源"对话框中的参数，如图 4-138 所示。

| 图 4-137 导出批处理选项 | 图 4-138 设置"导出资源"对话框中的参数 |

05 单击"导出"按钮，即可将界面中开发人员使用的元素导出 3 种尺寸，以适配不同的设备，如图 4-139 所示。

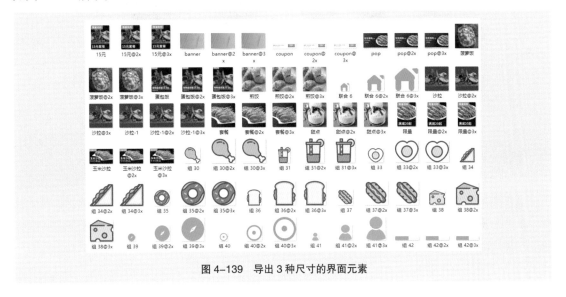

图 4-139 导出 3 种尺寸的界面元素

提示

为了便于开发人员使用导出素材，需要对导出的素材进行重命名操作。重命名操作会增加额外的工作量。在导出元素前，可以先在"图层"面板中对导出对象进行重命名，或者在设计制作时就注意使用正确的名称，这样可以大大减少后期的工作量。

4.9 举一反三——设计制作外卖 App 界面

学习了美食 App 界面设计的流程和技巧后，接下来运用所学内容，完成一个 iOS 系统下的外卖 App 界面的设计。通过本案例的设计制作，读者将能够深层次地理解 iOS 系统的设计规范以及移动 UI 设计的完整流程。

读者可使用前面所学的内容，尝试设计图 4-140 所示的外卖 App 界面。在运用设计理念和制作规范的同时，要确保最终作品能够满足开发人员的要求。

图 4-140　外卖 App 界面

4.10　项目小结

本项目以 iOS 系统界面设计规范为基础，详细讲解了一款美食 App 产品从策划到输出的整个过程。读者需要从布局、配色和字体等多方面设计制作 App 界面，在完美呈现策划内容的同时，保证整个界面符合 iOS 系统规范要求；并熟悉在移动 UI 设计行业中，移动 UI 设计与前期策划和后期开发之间的关系。

4.11　课后测试

完成本项目内容学习后，接下来通过几道课后习题，检测一下读者在 iOS 系统不同设备中设计 App 界面的学习效果，同时加深对所学知识的理解。

4.11.1　选择题

1. 下列设备中，不是采用 @3x 的是（　　）。

A.　iPhone XR　　　　　B.　iPhone X　　　　　C.　iPhone XS　　　　　D.　iPhone 11 Pro

2. 在 @2x 情况下，iPhone X 界面状态栏尺寸为（　　）px。

A.　68　　　　　　　　B.　44　　　　　　　　C.　49　　　　　　　　D.　88

3. 能够突出产品主题的图片比例为（　　）。

A.　1∶1　　　　　　B. 4∶3　　　　　　C. 3∶2　　　　　　D. 16∶9

4. 一款设备究竟要使用 2 倍图还是 3 倍图，只需看（　　）就可以了。

A.　ppi 和 dpi 的比值　　　　　　　B.　价格

C.　屏幕大小　　　　　　　　　　　D.　以上都不对

5. 不可以将标注声明写成（　　）。

A.　一本书　　　　　B.　一篇文档　　　　　C.　一份表格　　　　　D.　一张图

4.11.2　判断题

1. 如果界面产品定位以图片为主，则图片可以选择 4∶3 的比例。这是因为 4∶3 的图片相对于 3∶2 的图片在同屏的情况下占比更大。（　　）

2. 与 iPhone 6 相比，iPhone X 的顶部状态栏高度增加为 88px，底部增加了高度为 68px 的主页指示器。（　　）

3. 智能手机的屏幕大小都是双数值。（　　）

4. 由于开发人员的代码里只有英文字母，因此如果提供的切图名称为中文，那么开发人员还要进行更改。为了避免出现这种情况，提高工作效率，建议切图命名全部使用小写的英文字母。（　　）

5. 需要将每一张效果图都进行标注，多个页面共同的地方也要清晰标注。（　　）

4.11.3　创新题

根据本项目前面所学习和了解到的知识，将项目 3 中 3.11.3 的 App 案例适配到 iPhone X 设备，具体要求和规范如下。

● 内容 / 题材 / 形式

运行在 iPhone X 设备上，以养老为题材的 App 界面。

● 设计要求

将为 iPhone 6 设计的养老 App 界面正确适配到 iPhone X 设备上。并确保各种尺寸符合规定，界面美观。

项目 5

05

Android 系统创意家居 App 界面设计

▶ 项目介绍

Android 系统是谷歌（Google）公司开发的一款移动操作系统，主要应用于智能手机和平板计算机等移动设备。本项目将通过设计制作一个运行在 Android 设备上的创意家居 App 界面，帮助读者了解如何在 Android 系统中完成 App 界面的设计。

5.1 创意家居 App 界面——"ICON"设计

本项目将设计制作一款创意家居 App 产品——"ICON"的工作界面。继续采用全工作流程的方法向读者讲解 Android 系统下 App 界面设计的规则和技巧。为了能够让读者更全面地了解 App 项目的设计制作，本案例将完成"首页"页面、"设计师"页面、"定制"页面、"购物"页面和"我的"页面，全方位讲解 Android 系统中界面设计的流程和要点，完成效果如图 5-1 所示。

| "首页"页面 | "设计师"页面 | "定制"页面 | "购物"页面 | "我的"页面 |

图 5-1　创意家居 App 界面

5.1.1　完成创意家居 App 思维导图

随着人们生活水平的日益提高，越来越多的人开始追求高品质生活。人们对家居的要求也从追求协同逐步向追求个性化发展。与此同时，很多优秀的设计师由于缺乏展示个人作品的渠道而错过了展示个人优秀创意家居产品的机会。这些都使创意家居 App 的诞生成为必然。

创意家居 App 不但为用户提供了便捷，更将分享、优惠功能融合在一起。用户可以购买符合个人喜好的家居产品，也可以指定设计师为自己设计风格独特的家居产品。而设计师可以将个人作品上传到 App 中展示，在推销自己的同时，也为自己积累一定的用户群。

除了每个 App 都应包含的首页外，该创意家居 App 的功能结构被划分为会员系统、购物系统和设计师系统，如图 5-2 所示。

图 5-2　创意家居功能结构

● 会员系统

会员系统是为了保障用户和设计师权利的系统。按照用户使用的先后顺序分为注册页、登录页和会员页3个页面。

用户注册的方式采用了目前流行的手机号注册方式，可以快捷、方便又准确地获得用户信息；用户除了可以通过输入用户名和密码登录以外，还可以使用微信、QQ等其他方式登录；用户登录页面后，可以在专属页面中查询订单、优惠券和我的定制等众多信息。图5-3所示为会员系统思维导图。

● 购物系统

购物系统是方便用户购物的系统。按照用户购买商品的顺序分为商品页、购买页和定制页3个页面。

商品页分为商品列表页和商品详情页，用户可以通过商品列表页快速找到感兴趣的商品，再通过商品详情页了解商品信息；为了方便用户购买，购买页中将为商品添加产品分类、精品和人气标签；定制页分为定制列表页和定制内容页，方便用户随时查找定制内容和发布定制需求。图5-4所示为购物系统思维导图。

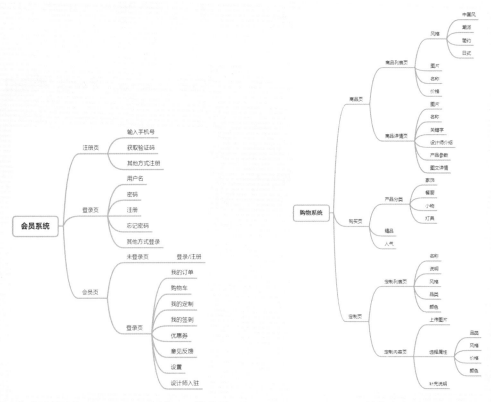

图5-3　会员系统思维导图　　　　图5-4　购物系统思维导图

● 设计师系统

设计师系统是一个独立的会员系统。该系统主要针对设计师用户。按照设计师发布作品的顺序分为设计师列表页、设计师详情页和设计师首页3个页面。

设计师列表页用来展示不同设计风格的设计师。用户可以通过头像、姓名、品牌、风格和作品数选择感兴趣的设计师；设计师详情页主要用来展示设计师的详细信息，用户可以通过浏览设计师简介和作品集进一步了解设计师的风格，并根据喜好程度选择是否关注该设计师；设计师首页中将按照行业分类和风格分类区分设计师，清晰明确。图 5-5 所示为设计师系统思维导图。

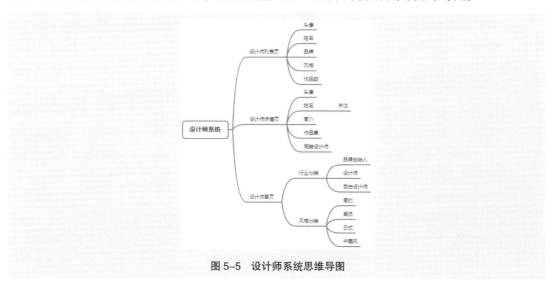

图 5-5 设计师系统思维导图

提 示　由于篇幅的原因，本案例中只设计制作了主要页面，并没有将所有页面设计制作出来。读者可以根据所学内容完成其他页面的制作。

5.1.2　绘制创意家居 App 用户画像

创意家居的隐藏关键词是品质，如果用户只是为了省钱，完全可以购买普通家居产品，购买创意家居产品是因为用户的潜意识里有着对品质的追求。

● 用户性别

此类产品设计新颖、体积小、省空间，购买这种类型产品的用户大多数是女性，且多是家庭用户。

● 消费能力

消费能力不高，但追求创新和个性。

● 用户年龄

该产品主要针对 25~35 岁的年轻用户，其居住环境为小户型环境。

采用上面的分析方法进行分析，获得该项目的用户画像如表 5-1 所示。

表 5-1　创意家居 App 项目用户画像

性别	年龄段	消费能力	购物偏好	商品卖点
女性居多	25~35 岁	不高，追求创新和个性	购买频率较高，大部分情况下用户近期在搬新家或者是在装修	便捷生活与快速送达

5.2　创意家居 App 的草图制作

为了确保最后完成的 App 界面与产品经理策划的一致，在开始设计制作之前，可以先按照策划书的内容，将 App 产品的草图绘制出来，得到产品经理和开发人员的认可后，再开始界面的设计制作。

5.2.1 创意家居 App 界面的布局分析

Android 系统的界面布局与 iOS 系统的界面布局一样,也包含了界面尺寸设置和界面组件布局两部分,下面逐一进行讲解。

● 界面尺寸设置

Android 设备的发展速度远远快于 iOS 设备,已经发布的三星 Galaxy S10/S10+(3040px×1440px)和华为 Mate 20(2244px×1080px)的屏幕分辨率都达到了超高密度(XXHDPI)。随后发布的产品可能会超过这个尺寸。

因此,本案例并没有采用 720px×1280px 的尺寸,而是采用了 1080px×1920px 的尺寸进行设计。设计完成后再输出不同尺寸的素材,供开发人员使用。

● 界面组件布局

Android 系统的基本组件与 iOS 系统相同,包括状态栏、导航栏和标签栏。不同的设备,组件的高度也不相同,本案例将采用 1080px×1920px 的尺寸进行设计,因此状态栏高度为 60px,导航栏高度为 144px,标签栏高度为 150px,如图 5-6 所示。

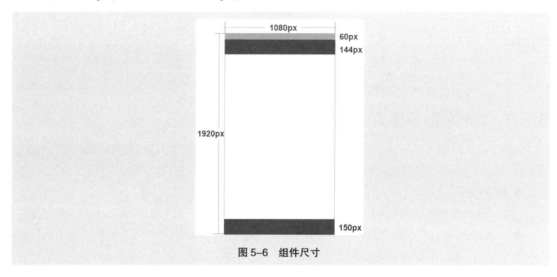

图 5-6 组件尺寸

> **提示**
>
> Android 系统界面对组件的要求没有那么严格。本案例部分页面中并没有使用导航栏,而是将导航按钮放置在界面底部的标签栏上,这种布局方式更符合 Android 系统用户的操作习惯。

5.2.2 创意家居 App 界面的布局类型

该项目中页面较多,为了给用户带来不一样的视觉体验,每一个页面都采用了不同的布局方式。

"购物"页面采用了瀑布流的布局方式,如图 5-7 所示。瀑布流布局方式有效降低了界面的复杂度,节省了空间,不再需要复杂的页面导航链接或者按钮;通过上下滑动进行页面滚动和数据加载,对操作的精准程度要求远远低于点击按钮或者链接;使用户能更好地专注于浏览而不是操作。

"我的"页面采用了列表式布局,如图 5-8 所示。列表式布局通常采用竖排列表、"图标+文本"的形式,用于展示同类型或者并列的元素,通过上下滑动可以查看更多列表内容,用户可接受程度较高,同时视觉上也较为规整。

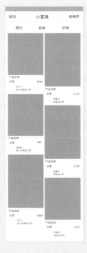

图 5-7　瀑布流布局

图 5-8　列表式布局

提 示

　　列表式布局可以使用户快速获取一定量的信息，以决定是否点击进入更深的层级进行深度浏览或操作；用户可以在多类信息中进行筛选和对比，自主高效地选择自己想要的内容。

　　列表式布局信息展示的层级较为清晰，且可以通过不同形式灵活地进行展示。在展示主要信息的同时，也可以展示一定的次要信息，提醒用户及辅助用户理解。该种布局方式符合用户从上到下查看的视觉习惯，排版也较为整齐，且延展性强。

　　"设计师"页面采用了卡片式布局，如图 5-9 所示。卡片式布局方式非常灵活，每张卡片的内容和形式都可以相互独立，互不干扰，可以在同一个页面中出现不同的卡片，承载不同的内容。由于每张卡片都是独立存在的，所以其信息量可以比列表式布局更加丰富。

提 示

　　卡片式布局能够直接展示页面中最重要的内容信息，分类位置固定，当前所在入口位置清晰，减少页面跳转层级，使浏览者轻松在各入口间频繁跳转。

　　"定制"页面采用了宫格式布局，如图 5-10 所示。宫格式布局通常采用一行三列的布局方式。这种布局方式非常有利于内容区域随手机屏幕分辨率的不同而自动伸展宽高，方便适配所有的智能终端设备，同时也是 iOS 和 Android 开发人员比较容易编写的一种布局方式。

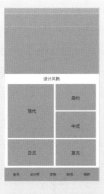

图 5-9　卡片式布局

图 5-10　宫格式布局

5.2.3 实战案例——设计制作创意家居 App 草图

视频：视频 \ 项目 5\5.2.3.mp4　　　　　源文件：源文件 \ 项目 5\5.2.3.xd

扫码观看视频

● 案例分析

本案例将使用 Adobe XD 完成创意家居 App 页面草图的制作，完成的部分草图效果如图 5-11 所示。

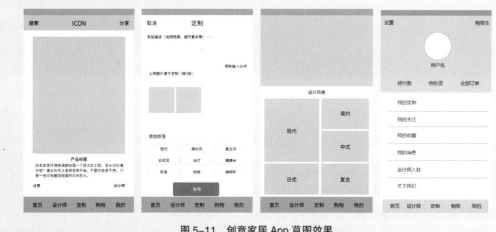

图 5-11　创意家居 App 草图效果

本案例共有"首页""设计师""定制""购物"和"我的"5 个二级页面。使用"矩形"工具、"椭圆"工具、"直线"工具和"文本"工具完成页面的草图制作。通过在"资源"面板中创建"字符样式"并应用到不同的文本对象中，提高制作的准确度和工作效率。

● 制作步骤

01 启动 Adobe XD，单击 iPhone X/XS/11 Pro 选项右侧的向下箭头，如图 5-12 所示。在弹出的快捷菜单中选择"Android 手机（360×640）"，如图 5-13 所示。

图 5-12　单击向下箭头　　　　　　图 5-13　选择 Android 手机选项

移动 UI 设计实战（微课版）

154

02 在画板名称处双击，修改画板名称为"首页"，如图 5-14 所示。在软件界面右侧的面板中修改画板尺寸为 1080px×1920px，拖曳画板左侧的蓝色矩形到画板底部，如图 5-15 所示。

图 5-14　修改画板名称　　　　　　　　　　　图 5-15　修改画板尺寸

03 将光标移动到画板顶部边缘，当光标变成 ↕ 时，按住鼠标左键向下拖曳，创建 60px 状态栏辅助线，如图 5-16 所示。使用相同的方法创建导航栏和标签栏辅助线，如图 5-17 所示。

图 5-16　创建状态栏辅助线　　　　　　　　　　图 5-17　创建辅助线

提 示

　　本案例采用 1080px×1920px 的尺寸制作，可以最大限度地获得高质量的图片素材。该尺寸所有素材皆为 @3x 素材。

04 使用"矩形"工具，绘制图 5-18 所示的 3 个矩形。使用"文本"工具在画布中单击并输入文本，在右侧面板中设置文本的字体和字号大小，文本效果如图 5-19 所示。

图 5-18　绘制矩形　　　　　　　　　　　图 5-19　输入并设置文本

05 单击软件界面左下角的"资源"按钮▭，打开"资源"面板，如图 5-20 所示。选中刚刚输入的文本，单击"资源"面板中"字符样式"选项后的"+"按钮，创建字符样式，如图 5-21 所示。

图 5-20　打开"资源"面板　　　　　图 5-21　创建字符样式

提示

定义字符样式后，再次输入文本时会自动使用该字符样式。如果要使用其他字符样式，则需要再次定义字符样式。

06 按住键盘上的【Alt】键的同时，向右拖曳复制文本，修改文本内容，如图 5-22 所示。使用"文本"工具在画板底部标签栏上输入图 5-23 所示的文本。

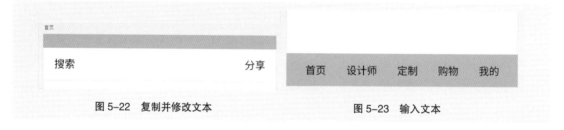

图 5-22　复制并修改文本　　　　　图 5-23　输入文本

07 使用"文本"工具在画布中单击输入 App 标题，效果如图 5-24 所示。使用步骤 05 的方法创建字符样式，如图 5-25 所示。

图 5-24　输入 App 标题　　　　　图 5-25　创建字符样式

08 使用"矩形"工具在画板中绘制一个 900px×1100px 的矩形，效果如图 5-26 所示。继续使用"文本"工具输入文本并创建字符样式，如图 5-27 所示。

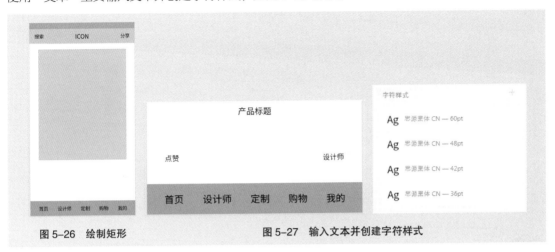

图 5-26　绘制矩形

图 5-27　输入文本并创建字符样式

09 使用"文本"工具在画布中拖曳创建一个文本框，输入图 5-28 所示的文本。将区域文本定位为字符样式，双击修改样式名称为"正文"，如图 5-29 所示。

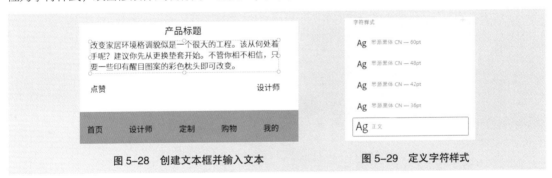

图 5-28　创建文本框并输入文本

图 5-29　定义字符样式

提示　单击"资源"按钮即可打开"资源"面板，如果想隐藏"资源"面板，则再次单击"资源"按钮即可。

10 将光标移动到画板名称处，按下【Alt】键，向右拖曳复制画板，修改画板名称为"设计师"，删除画板中的内容，如图 5-30 所示。使用"矩形"工具在"设计师"画板中绘制一个 1080px×670px 的矩形，效果如图 5-31 所示。

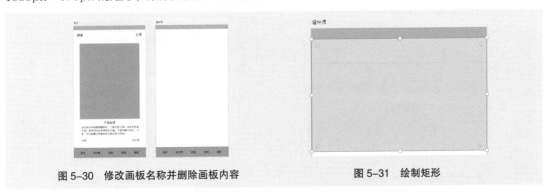

图 5-30　修改画板名称并删除画板内容

图 5-31　绘制矩形

11 使用"文本"工具在画板中输入文本，并应用 42pt 字符样式，效果如图 5-32 所示。使用"矩形"工具创建图 5-33 所示的效果。

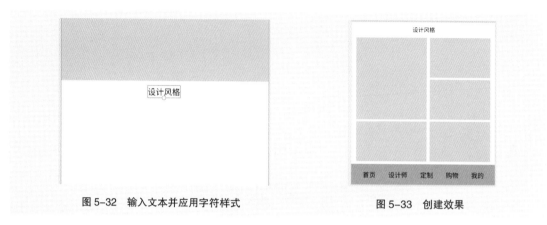

图 5-32　输入文本并应用字符样式　　　　　　　　　图 5-33　创建效果

12 使用"文本"工具在矩形中输入文本并应用 48pt 字符样式，效果如图 5-34 所示。使用步骤 10 的方法复制画板，并修改其名称为"定制"，如图 5-35 所示。

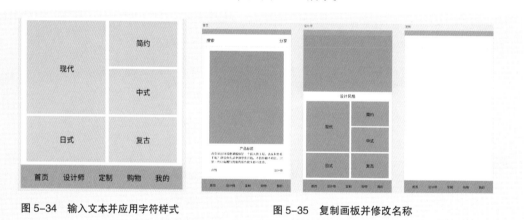

图 5-34　输入文本并应用字符样式　　　　　　图 5-35　复制画板并修改名称

13 使用"文本"工具输入图 5-36 所示的文本并应用字符样式。使用"文本"工具创建区域文本，应用 36pt 字符样式，效果如图 5-37 所示。

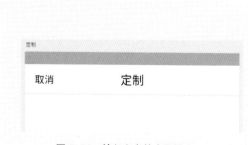

图 5-36　输入文本并应用样式　　　　　　　　图 5-37　创建区域文本并应用字符样式

14 继续使用"文本"工具输入页面文本并应用字符样式，效果如图 5-38 所示。使用"矩形"工具绘制一个 250px×250px 的矩形，并复制一个矩形，效果如图 5-39 所示。

图 5-38　输入文本并应用字符样式　　　　　图 5-39　绘制矩形并复制

15 继续使用"文本"工具输入图 5-40 所示的文本。使用"矩形"工具绘制一个 300px×78px 的圆角矩形，将圆角半径设置为 10，效果如图 5-41 所示。使用"文本"工具输入图 5-42 所示的文本。

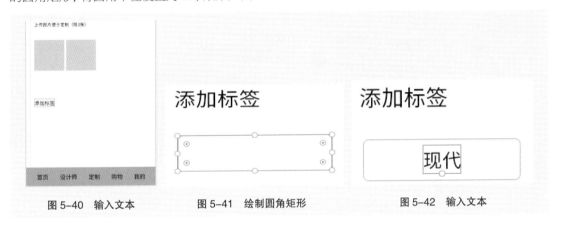

图 5-40　输入文本　　　　图 5-41　绘制圆角矩形　　　　图 5-42　输入文本

16 继续使用相同的方法完成其他按钮的制作，效果如图 5-43 所示。使用"矩形"工具绘制一个 450px×130px 的圆角矩形，将圆角半径设置为 15，"填充"颜色为 #0084BF，效果如图 5-44 所示。

图 5-43　绘制按钮并输入文本　　　　　图 5-44　绘制圆角矩形

17 使用"文本"工具输入图 5-45 所示的文本。继续使用相同的方法，完成"购物"和"我的"页面的草图制作，效果如图 5-46 所示。

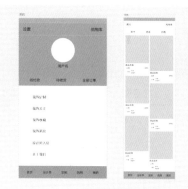

图 5-45　输入文本

图 5-46　完成其他页面制作

18 完成创意家居 App 草图效果如图 5-47 所示。

图 5-47　创意家居 App 草图效果

提示

由于篇幅的原因，本案例只制作了创意家居 App 的 5 个分类页面的草图。读者有兴趣的话可以继续完成其他页面的草图制作。

5.3　创意家居 App 界面的色彩搭配

根据策划方案的内容完成了创意家居 App 草图制作后，要交给各部门进行确认，确认后即可开始界面的设计制作工作。在开始设计工作之前，要先确定 App 界面的配色方案，以保证整个项目风格的统一。配色方案通常包括主色、辅助色和文本色。

5.3.1　创意家居 App 界面主色的确定

本项目为一款创意家居 App，要向用户展示个性家居产品。界面要向用户传递出时尚、品味和高级感。在众多色彩中灰色能够传递出品质和高级感，米黄色具有时尚清新的感觉，黑色具有神秘和科技感，如图 5-48 所示。

图 5-48　符合创意家居 App 要求的颜色

黑色过于沉重，在家居中属于少见的颜色。米黄色虽然非常具有时尚感，但纯度较低，与色彩丰富的家居产品搭配时，很容易给人带来烦躁的感觉，不易留住用户。灰色既具有黑色的神秘感和高级感，又能够很好地与其他颜色进行搭配。因此，该案例采用了灰色作为主色。

灰色的种类很多，为了能更好地烘托出产品的色彩，界面中将使用浅灰色和深灰色两种灰色，从而做到主体突出、层次丰富，图 5-49 所示为本项目界面中使用的主色。

#707070	#333333

图 5-49　确定界面主色

5.3.2　创意家居 App 辅助色的确定

确定主色后，接下来可以根据主色来确定辅助色。灰色的背景虽然使家居环境看起来简洁、时尚，但单调的颜色又会使家居环境显得非常无趣，因此可以采用热烈轻松的颜色作为辅助色，这样在增加页面趣味性的同时，还能引导用户按照设定好的流程来访问页面。本案例将使用明亮的黄色作为辅助色，如图 5-50 所示。

图 5-50　确定辅助色

5.3.3　创意家居 App 文本色的确定

创意家居 App 中文本的内容相对较少，通常包括标题文本、正文文本和强调文本 3 种。标题文本和正文文本可使用黑色，但正文文本相对标题文本要有所降级；而强调文本可以简单直接地使用辅助色作为文本色，如图 5-51 所示。

标题文本色和正文文本色　　　　　　强调文本色

图 5-51　确定界面文本色

5.4　创意家居 App 界面的页面元素分析

创意家居 App 界面页面元素分析内容包括元素间距、文本和图标的设置。界面元素间距设置的主要作用是保证用户在界面中阅读的流畅性；文本的作用主要是对活动或产品进行介绍；图标的作用主要是提示信息与强调产品的重要特征。本项目中案例界面元素的设计规范分析如下。

5.4.1　界面元素间距设置

为了保证用户在 Android 系统界面中阅读的流畅性，必须对 Android 系统界面设计元素的间距有明确的规定。

最新的材料设计语言（Material Design，MD）规范，包含了一个叫作 8dp 原则的栅格系统。这个规范的最小单位是 8dp，所有距离、尺寸都要选取 8dp 的整数倍。如果按照 MD 规范设计界面的话，官方的界面排版如图 5-52 所示。

图 5-52　Android 系统元素间距

从图 5-52 可以看出，界面的列表高度为 72dp，列表项的间距为 16dp。这些数值都是 8dp 的整数倍。界面的左右边距可以设置为 8dp~32dp，如果带有图标或者头像内容，则可以设置为 72dp。

5.4.2　界面的文本设置

为了追求更好的视觉效果，提高用户体验度，Google 公司对 Android 系统中文本的字体和字号的使用有着严格的规定。

● 字体

Android 系统中默认的英文字体为 Roboto，如图 5-53 所示。Roboto 有 6 种字形，分别是 Thin、Light、Black、Medium、Bold 和 Regular，如图 5-54 所示。

图 5-53　Roboto 字体　　　　　　　　图 5-54　Roboto 字体的 6 种字形

Android 系统中默认的中文字体为思源黑体，其英文名称为 Source Han Sans CN。这种字体与微软雅黑很像，是 Google 公司与 Adobe 公司合作开发的，支持中文简体、中文繁体、日文和韩文，如图 5-55 所示。

安卓中文字体

图 5-55　思源黑体

该字体字形较为平稳，利于阅读，有 ExtraLight、Light、Normal、Regular、Medium、Bold 和 Heavy 7 种不同的字形，能够充分满足不同场景下的设计需求，如图 5-56 所示。

安卓中文字体
ExtraLight

安卓中文字体
Light

安卓中文字体
Normal

安卓中文字体
Regular

安卓中文字体
Medium

安卓中文字体
Bold

安卓中文字体
Heavy

图 5-56　思源黑体的 7 种字形

● 字号

Android 系统界面设计中的字号大小与 iOS 系统中的字号大小差不多，设计时不需要特别改动，保持一致即可。

在 1080px×1920px 的分辨率下，各部分文本的字号如表 5-2 所示。

表 5-2　1080px×1920px 分辨率下的文本字号

设计文档（1080px×1920px）	
导航栏标题	52px
常规按钮	48px~54px
内容区域	36px~42px
特殊情况	不限

5.4.3　界面的图标设置

由于 Android 系统有很多机型，因此不同分辨率的手机对应的图标大小也不相同，表 5-3 所示为不同分辨率下的图标尺寸。

表 5-3　不同分辨率下的图标尺寸

屏幕大小	启动图标	导航栏图标	上下文图标	系统通知图标	最细画笔
320px×480px	48px×48px	32px×32px	16px×16px	24px×24px	不小于 2px
480px×800px 480px×854px	72px×72px	48px×48px	24px×24px	36px×36px	不小于 3px
720px×1280px	96px×96px	64px×64px	32px×32px	48px×48px	不小于 4px
1080px×1920px	144px×144px	96px×96px	48px×48px	72px×72px	不小于 6px

设计师通常只需提供图标的几个常用尺寸就可以了，如图 5-57 所示。但是通常需要提供 2 套图标（圆角和直角的图标各一套），以方便在不同的情况下使用。

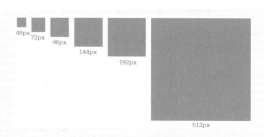

图 5-57　图标常用尺寸

Android 图标的圆角大小跟屏幕分辨率有直接关系，以 1080px×1920px 为参考，其对应的启动图标尺寸为 144px×144px，圆角半径值约为 25px，如图 5-58 所示。

图 5-58　圆角按钮

5.4.4　实战案例——设计制作创意家居 App 图标组

视频：视频 \ 项目 5\5.4.4.mp4　　　　　　源文件：源文件 \ 项目 5\5.4.4.xd

● 案例分析

　　本案例将使用 Adobe XD 完成一组创意家居 App 的图标组。图标组包括 4 个系统图标和 12 个分类图标。图标采用了线条化风格，简单直接地将分类的属性通过图标的形式展示出来。完成的图标组效果如图 5-59 所示。

扫码观看视频

图 5-59　创意家居 App 图标组

● 制作步骤

01　启动 Adobe XD 软件，将 5.2.3.xd 文件打开，如图 5-60 所示。单击"画板"工具按钮，在右侧面板中选择"Android 手机"选项，创建一个画板，在右侧面板中修改尺寸为 1080px×1920px，修改画板名称为"图标组"，如图 5-61 所示。

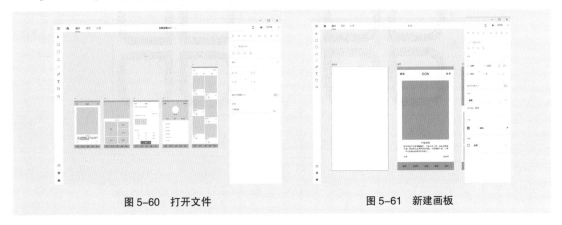

图 5-60　打开文件　　　　　　　　　　图 5-61　新建画板

02 单击左侧工具箱中的"矩形"按钮，在画板上绘制一个 96px×96px 的矩形，如图 5-62 所示。使用"矩形"工具绘制一个 35px×35px 的圆角矩形，各项参数设置如图 5-63 所示。

图 5-62　绘制矩形　　　　　　　　　　图 5-63　设置参数

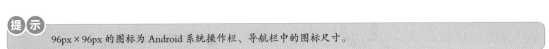

提 示　　96px×96px 的图标为 Android 系统操作栏、导航栏中的图标尺寸。

03 圆角矩形效果如图 5-64 所示。按住键盘上的【Alt】键的同时，使用"选择"工具向下拖曳复制圆角矩形，修改圆角半径值后，效果如图 5-65 所示。

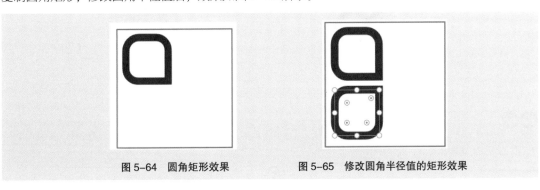

图 5-64　圆角矩形效果　　　　　图 5-65　修改圆角半径值的矩形效果

04 将两个圆角矩形同时选中，向右拖曳复制，效果如图5-66所示。单击右侧面板上的"水平翻转"按钮，得到图5-67所示的效果。

图 5-66　复制圆角矩形

图 5-67　水平翻转效果

05 再绘制一个96px×96px的矩形，使用"椭圆"工具绘制3个20px×20px的椭圆，设置其"大小"为4，效果如图5-68所示。使用"钢笔"工具绘制图5-69所示的效果。

图 5-68　绘制椭圆

图 5-69　绘制直线路径

06 在直线上单击鼠标右键，在弹出的快捷菜单中选择"排列 > 后移一层"选项3次，效果如图5-70所示。使用"矩形"工具绘制一个70px×38px的圆角矩形，效果如图5-71所示。

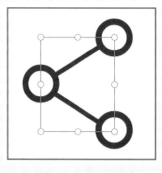

图 5-70　绘制直线

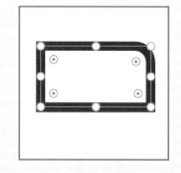

图 5-71　绘制圆角矩形

移动 UI 设计实战（微课版）

166

提 示

　　使用 Adobe XD 绘制图形时，双击图形可以进入路径编辑模式。在路径编辑模式中按组合键【Alt+Delete】将删除封闭路径的最后一段路径。

07 双击刚刚绘制的圆角矩形，拖曳调整顶点，得到图 5-72 所示的效果。使用"椭圆"工具绘制两个 15px×15px 的椭圆，如图 5-73 所示。

图 5-72　编辑圆角矩形　　　　　　　　　　　　　图 5-73　绘制椭圆

08 使用"钢笔"工具绘制线条并调整其顺序到圆角矩形和圆形的下方，效果如图 5-74 所示。使用相同的方法，完成"返回"按钮的制作，4 个系统图标的效果如图 5-75 所示。

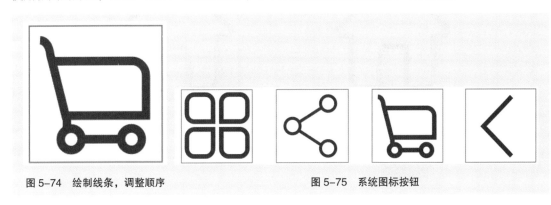

图 5-74　绘制线条，调整顺序　　　　　　　　　　图 5-75　系统图标按钮

09 使用"矩形"工具绘制一个 62px×40px 的圆角矩形，效果如图 5-76 所示。使用"矩形"工具绘制一个 20px×35px 的圆角矩形，效果如图 5-77 所示。

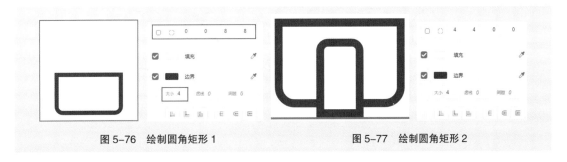

图 5-76　绘制圆角矩形 1　　　　　　　　　　　　图 5-77　绘制圆角矩形 2

提示

　　按住键盘上的【Shift】键缩放对象，可以确保等比例缩放的效果。按住键盘上的【Alt】键调整对象大小，可以实现对象同时向两侧缩放的效果。

10 将两个矩形同时选中，单击右侧面板上的"减去"按钮，得到图 5-78 所示的效果。使用"多边形"工具绘制一个图 5-79 所示的三角形。

图 5-78　减去效果

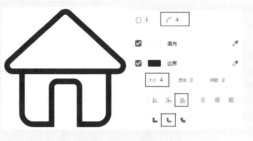

图 5-79　绘制三角形

11 将图形全部选中，单击右侧面板上的"添加"按钮，得到图 5-80 所示的效果。使用"矩形"工具绘制一个 10px×25px 的矩形，选中所有图形执行"添加"操作，完成图标绘制，效果如图 5-81 所示。

图 5-80　添加效果

图 5-81　完成图标绘制

12 使用相同的方法，完成其他图标的绘制，最终完成效果如图 5-82 所示。复制图标并修改图标颜色，完成交互样式图标的制作，如图 5-83 所示。

图 5-82　最终图标效果

图 5-83　完成交互样式图标

> **提 示**
>
> 　　为了对用户进行引导，功能图标和分类图标通常会有不同的状态。正常情况下呈现一般状态，当用户滑过或点击时则呈现另一种状态。

13 将所有图标的灰色矩形框删除，图标效果如图 5-84 所示。拖曳选中一个图标，单击鼠标右键，在弹出的快捷菜单中选择"组"选项，将图标编组。在"图层"面板为该组命名，如图 5-85 所示。

图 5-84　删除矩形框　　　　　　　　　　　　　　　　　　　图 5-85　命名组

14 拖曳选中所有图标，单击软件界面左上角的 ≡ 图标，执行"导出 > 所选内容"命令，弹出"导出资源"对话框，设置各项参数，如图 5-86 所示。单击"导出"按钮，稍等片刻即可完成导出不同尺寸图标的操作，导出的不同尺寸图标会放置在单独的文件夹中，如图 5-87 所示。

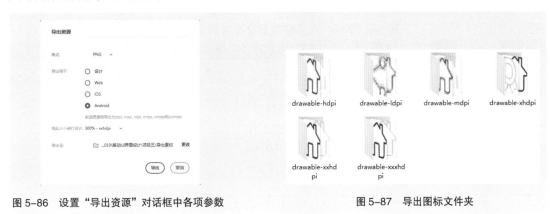

图 5-86　设置"导出资源"对话框中各项参数　　　　　　　　　图 5-87　导出图标文件夹

5.5 创意家居 App 界面设计

　　完成图标组的制作后，接下来进行该 App 的界面设计。App 界面的风格要与图标的风格保持一致，极简的设计风格能够更好地向用户传达产品信息。

5.5.1　知识链接——了解屏幕密度和开发单位

　　屏幕密度指的是单位长度里的像素数量，也就是 dpi。图 5-88 所示的两个手机设备中，同时设置 2px 宽度的按钮，在屏幕密度较高的手机设备里会显示得比较小；而同时设置 2dp 宽度的按钮，在两个手机设备上显示的大小则是一样的。

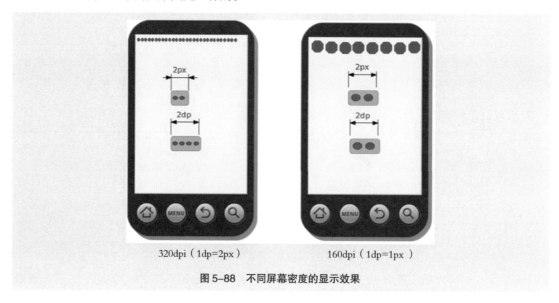

图 5-88　不同屏幕密度的显示效果

为了简化设计环节，Android 系统平台对屏幕进行了区分，按照像素密度分为低密度屏（LDPI）、中密度屏（MDPI）、高密度屏（HDPI）、超高密度屏（XHDPI）、超超高密度屏（XXHDPI）和超超超高密度屏（XXXHDPI）。它们密度之间的比例关系为 3∶4∶6∶8∶12∶16。

Android 系统的屏幕像素密度对照表如表 5-4 所示。

表 5-4　Android 系统的屏幕像素密度对照表

名称	常见分辨率（px）	像素密度（dpi）	倍率	换算
LDPI	240×320	120	@0.75x	1dp=0.75px
MDPI	320×480	160	@1x	1dp=1px
HDPI	480×800	240	@1.5x	1dp=1.5px
XHDPI	720×1280	320	@2x	1dp=2px
XXHDPI	1080×1920	480	@3x	1dp=3px
XXXHDPI	2160×4096	640	@4x	1dp=4px

5.5.2　技术引入——了解 Android 系统的开发单位

Google 公司为了方便计算，为 Android 系统独立开发了开发单位，包括长度单位 dp 和字体单位 sp。

● 长度单位 dp

dp 即 dip，是 Android 开发用的长度单位。dp 会随着不同屏幕而改变控件长度的像素数量。在屏幕像素点密度为 160dpi 时，1dp 等于 1px。

计算公式：dp×dpi/160=px

以 720px×1280px（320dpi）为例，

1dp×320px/160px=2px

计算得到 1dp=2px。

● 字体单位 sp

sp 是字体单位，同时 sp 与 dp 类似，可以根据用户的字体大小首选项进行缩放。在屏幕像素点密度为 160dpi 时，1sp 等于 1px。

计算公式：sp×dpi/160=px

以 720px×1280px（320dpi）为例，

1sp×320sp/160sp=2px。

计算得到 1sp=2px。

5.5.3 实战案例——设计制作创意家居 App 界面

视频：视频 \ 项目 5\5.5.3.mp4　　　　源文件：源文件 \ 项目 5\5.5.3.xd

● 案例分析

　　本案例将使用 Adobe XD 软件设计制作一个创意家居 App 界面。该 App 共包含"首页"页面、"设计师"页面、"定制"页面、"购物"页面、"我的"页面，使读者在熟悉创意家居网站制作流程的同时，熟悉 Adobe XD 的基本界面和操作。完成的创意家居 App 界面效果如图 5-89 所示。

扫码观看视频

图 5-89　创意家居 App 界面效果

● 制作步骤

01 启动 Adobe XD 软件，将 5.5.3.xd 文件打开，如图 5-90 所示。进入"首页"画板，如图 5-91 所示。

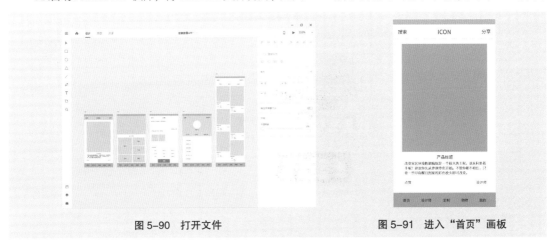

图 5-90　打开文件　　　　　　　图 5-91　进入"首页"画板

02 为了获得更广的视觉效果，选中并删除导航栏底部的矩形，效果如图 5-92 所示。Android 系统 1080px×1920px 尺寸的导航栏中的图标尺寸为 96px×96px，将"搜索"和"分享"文本选中并删除，使用"矩形"工具绘制一个 96px×96px 的矩形，效果如图 5-93 所示。

图 5-92　删除导航栏底部的矩形　　　　　　图 5-93　绘制矩形

03 将搜索图标和分享图标直接拖到矩形上，效果如图 5-94 所示。选中画布中间的矩形，设置其"填充"颜色为无，圆角半径为 10，拖曳并调整其大小，如图 5-95 所示。

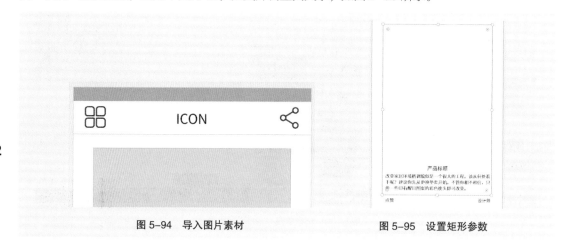

图 5-94　导入图片素材　　　　　　　　　图 5-95　设置矩形参数

04 使用"矩形"工具绘制图 5-96 所示的矩形。将抱枕 .png 图片拖到画板中刚刚绘制的矩形上，取消矩形的"边界"勾选，效果如图 5-97 所示。使用"文本"工具修改标题，效果如图 5-98 所示。

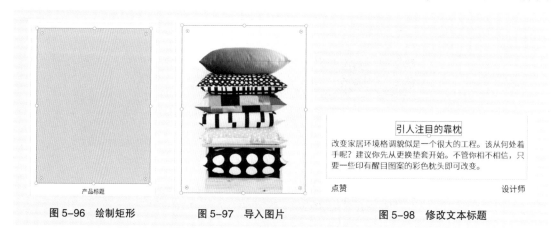

图 5-96　绘制矩形　　　　图 5-97　导入图片　　　　图 5-98　修改文本标题

05 使用"直线"工具在标题顶部绘制"大小"为3的直线，如图5-99所示。双击直线进入编辑模式，在直线中间位置单击添加锚点，如图5-100所示。拖曳左侧锚点调整直线形状，如图5-101所示。

图 5-99　绘制直线　　　　　图 5-100　添加锚点　　　　　图 5-101　调整直线形状

06 按住键盘上的【Alt】键的同时，水平拖曳复制调整后的图形，得到图5-102所示的效果。单击右侧面板中的"水平翻转"和"垂直翻转"按钮，将其移动到图5-103所示的位置。

图 5-102　复制图形　　　　　　　　　图 5-103　翻转并移动图形

07 将"点赞"图形拖入画板中，修改其文本内容，如图5-104所示。选择标签栏矩形，修改其"填充"颜色为 #333333，效果如图5-105所示。

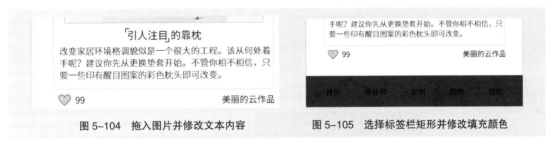

图 5-104　拖入图片并修改文本内容　　　　图 5-105　选择标签栏矩形并修改填充颜色

08 使用"矩形"工具在画板中绘制 4 个 96px×96px 的矩形，效果如图5-106所示。使用"椭圆"工具绘制一个 175px×175px 的椭圆，效果如图5-107所示。

图 5-106　绘制矩形

图 5-107　绘制椭圆

09 将"首页"图标拖入画板中，设置其"边界"颜色为白色，修改文本颜色为白色，文字大小为 36px，删除白色矩形，按钮效果如图 5-108 所示。使用相同的方法完成其他按钮的制作，效果如图 5-109 所示。

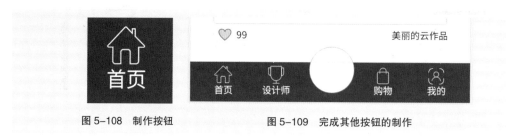

图 5-108　制作按钮　　　　　　　图 5-109　完成其他按钮的制作

10 选中椭圆形，修改其"填充"颜色为 #FFD100，描边大小为 8，效果如图 5-110 所示。将"定制"图标拖入画板中，设置其"边界"颜色和"填充"颜色，效果如图 5-111 所示。

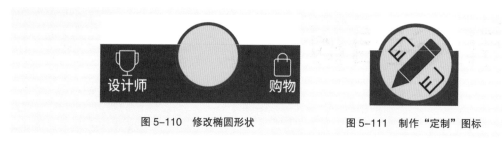

图 5-110　修改椭圆形状　　　　　　图 5-111　制作"定制"图标

11 选中标签栏上所有的对象，如图 5-112 所示。打开"资源"面板，单击"组件"选项后面的"+"图标，将所选内容制作为组件，如图 5-113 所示。

图 5-112　选中对象　　　　　　　图 5-113　制作组件

12 在组件名处双击鼠标左键，修改其名称为"标签栏"，如图 5-114 所示。完成"首页"页面的设计制作，效果如图 5-115 所示。

图 5-114　修改组件名称　　　　　　图 5-115　完成"首页"页面设计制作

提示　　将页面中通用内容转换为组件后，设计师可以通过拖曳的方式将其拖入任一画板中修改使用，这样有效地提高了页面制作的效率。

13 进入"设计师"画板，删除底部标签栏内容，将标签栏组件拖入，效果如图 5-116 所示。将图片素材依次拖入画板中，页面效果如图 5-117 所示。

图 5-116　拖入标签栏组件　　　　　　　　　图 5-117 拖入图片素材

14 使用"直线"工具绘制直线，修改文本颜色为白色，效果如图 5-118 所示。进入"定制"画板，页面效果如图 5-119 所示。

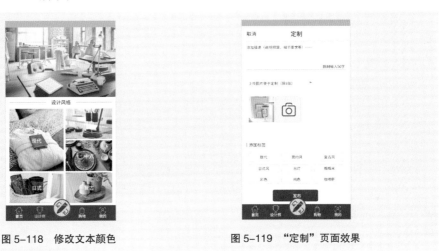

图 5-118　修改文本颜色　　　　　　　　　图 5-119　"定制"页面效果

15 继续使用相同的方法，完成"购物"和"我的"页面的制作，效果如图 5-120 所示。

图 5-120　"购物"和"我的"页面

5.6 创意家居 App 交互设计

界面设计制作完成后，接下来要为界面添加一些与交互相关的内容，以确保能够引导用户正确浏览并使用该界面。创意家居 App 界面中图片较多，为了避免页面效果过于杂乱，应尽量减少交互动画的使用，只做简单的交互即可。

5.6.1 交互设计需要考虑的内容

如果说产品的 UI 设计是"形"，那么交互设计就是"法"，"形"与"法"相融合共同提升产品的用户体验。在进行产品的交互设计时需要考虑的内容很多，绝对不是在界面中随便放一些内容和控件那么简单。通常，交互设计需要考虑的内容如下。

1. 确定是否需要某个功能

当看到策划文案中的一个功能时，要确定是否需要该功能，是否有更好的形式将其融入其他功能，直至最终确定这个功能必须保留。

2. 选择恰当的表现形式

不同的表现形式会直接影响用户与界面的交互效果。例如，对于提问功能，必须使用文本框吗？单选列表框或下拉列表是否可行？是否可以使用滑块？

3. 设定功能的大致轮廓

一个功能在页面中的位置、大小可以决定其内容是否被遮盖、是否滚动。要做到既节省屏幕空间，又不会给用户造成输入前的心理压力。

4. 选择适当的交互方式

针对不同的功能选择恰当的交互方式，有助于提升整个设计的品质。例如，对于一个文本框来说，是否添加辅助输入和自动完成功能？数据采用何种对齐方式？选中文本框中的内容是否显示插入光标？这些内容都是交互设计要考虑的。

图 5-121 所示的移动 App 的登录页面采用了弹出式的动画交互方式，轻微的弹入和渐隐效果使得登录页面看起来非常鲜活，能在第一时间取悦用户。

图 5-121　登录页面交互方式

5.6.2 交互设计需要遵循的习惯

在进行交互设计时，可以充分发挥个人想象力，使界面在方便操作的前提下更加丰富美观。但是无论怎样设计，都要遵循用户的一些习惯，如地域文化、操作习惯等。站到用户的立场来考虑问题，找到用户的习惯是非常重要的。

接下来我们分析在哪些方面需要遵循用户的习惯。

1. 遵循用户的文化背景

一个群体或民族的习惯是需要遵循的，如果违反了这种习惯，那么产品不但不会被该群体接受，还可能使产品形象大打折扣。

2. 用户群的人体机能

不同用户群的人体机能也不相同。例如，老年人一般视力较差，需要在产品上设置较大的字体；盲人看不到东西，要在触觉和听觉上着重设计。不考虑用户群的特定需求，产品注定会失败。

3. 坚持以用户为中心

设计师在设计产品时，要坚持以用户为中心，充分考虑用户的需求，而不是以设计师本人的喜好为主。要将自己想象成用户，融入整个产品设计中，这样才能设计出被广大用户接受的产品。

4. 遵循用户的浏览习惯

用户在浏览产品界面的过程中，通常会形成一种特定的浏览习惯。例如，首先横向浏览，下移一段距离后再次横向浏览，最后会在界面的左侧快速纵向浏览。这种已形成的习惯一般不会轻易更改，在设计时要遵循用户的习惯，再从细节上进行超越。

越来越多的 App 应用开始使用对话框或者气泡的设计形式来呈现信息，这种设计形式可以很好地避免打断用户的操作，并且更加符合用户的行为习惯，如图 5-122 所示。

图 5-122　对话框和气泡设计形式

5.6.3　实战案例——设计制作创意家居 App 交互效果

视频：视频 \ 项目 5\5.6.3.mp4　　　　　源文件：源文件 \ 项目 5\5.6.3.xd

● 案例分析

本案例将制作创意家居 App 交互效果，除了讲解页面超链接和颜色的交互以外，将着重讲解如何使用 Adobe XD 完成轮播图的交互效果，完成效果如图 5-123 所示。

扫码观看视频

图 5-123　轮播图交互效果

Adobe XD 中的交互动画通常是通过多个画板制作完成的。将动画的不同状态放置在不同的画板中，然后通过设置触发条件、动作和目标实现交互动画效果，用户还可以为交互动画添加"缓动"。

● 制作步骤

01 启动 Adobe XD，将 5.5.3.xd 文件打开，界面效果如图 5-124 所示。进入"首页"画板，双击底部标签栏组件，将首页图标"边界"颜色和文本颜色设置为 #FFD100，效果如图 5-125 所示。

图 5-124　打开文件　　　　　　　　　　　　图 5-125　设置图标和文本颜色

提示　用户如果直接在"首页"中修改标签栏组件，则所有使用了该组件的对象都会一起被修改。只有修改单独拖入页面的组件，其他对象才不会被一起修改。

02 使用相同的方法，将不同页面中标签栏对应的图标和文本颜色更改为 #FFD100，效果如图 5-126 所示。单击"原型"选项，进入原型编辑模式，如图 5-127 所示。

图 5-126　修改其他页面图标和文本颜色　　　　　　图 5-127　进入原型编辑模式

03 打开"资源"面板，在标签栏组件上单击鼠标右键，选中"编辑主组件"选项，如图 5-128 所示。页面中出现一个图 5-129 所示的组件。

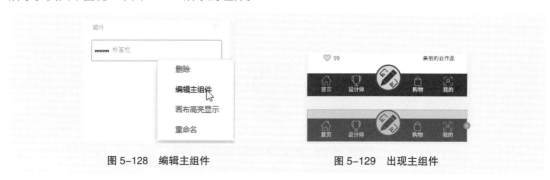

图 5-128　编辑主组件　　　　　　　　　　图 5-129　出现主组件

04 双击主组件并选中"首页"文本和图标，如图 5-130 所示。单击鼠标右键，在弹出的快捷菜单中选择"组"选项，将两个对象编组，如图 5-131 所示。

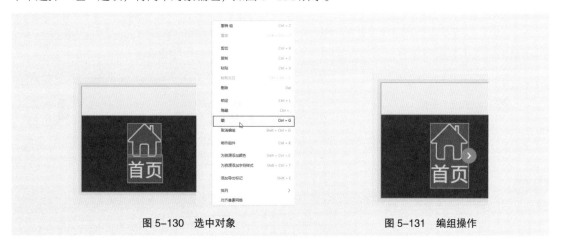

图 5-130　选中对象　　　　　　　　图 5-131　编组操作

05 在组右侧的蓝色按钮上按住鼠标左键向"首页"画板拖曳，创建链接，效果如图 5-132 所示。使用相同的方法，为标签栏主组件中的其他几个按钮创建链接，完成效果如图 5-133 所示。

图 5-132　创建链接　　　　　　　　图 5-133　为其他按钮创建链接

06 选中主组件，按下键盘上的【Delete】键将其删除，其他组件将自动保存刚添加的链接，如图 5-134 所示。进入"购物"画板，将标签栏组件移动到实际界面位置，如图 5-135 所示。

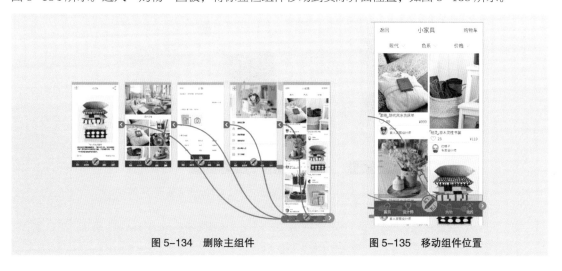

图 5-134　删除主组件　　　　　　　　图 5-135　移动组件位置

07 确定该组件被选中，将右侧面板中的"滚动时固定位置"复选框选中，如图 5-136 所示。将页面顶部导航内容选中，如图 5-137 所示。

滚动

☑ 滚动时固定位置

图 5-136　选中"滚动时固定位置"　　　　图 5-137　选中页面顶部导航内容

　为了实现逼真的滚动效果，在导航栏中绘制一个白色的矩形，并设置文本和矩形排列在所有对象的顶层。

08 单击"设计"选项，进入设计编辑模式。进入"首页"画板，制作图 5-138 所示的页面效果。拖曳复制"首页"画板，修改"首页 -1"画板页面效果如图 5-139 所示。

图 5-138　制作"首页"页面效果　　　　图 5-139　复制"首页"画板并修改页面效果

09 拖曳复制"首页 -1"画板，修改"首页 -2"画板页面效果如图 5-140 所示。

图 5-140　复制"首页 -1"面板并修改复制的页面效果

10 返回原型编辑模式，为"首页"画板和"首页 -1"画板创建链接，如图 5-141 所示。在右侧"交互"面板中设置各项参数，如图 5-142 所示。

图 5-141　创建链接　　　　　　　　　　图 5-142　设置交互参数

11　为"首页 –1"画板和"首页 –2"画板创建链接，如图 5-143 所示。在右侧"交互"面板中设置各项参数，如图 5-144 所示。

图 5-143　创建链接　　　　　　　　　　图 5-144　设置交互参数

12　为"首页 –2"画板和"首页"画板创建链接，如图 5-145 所示。在右侧"交互"面板中设置各项参数，如图 5-146 所示。

图 5-145　创建链接　　　　　　　　　　图 5-146　设置交互参数

13　单击软件左上角的 ≡ 按钮，执行"另存为"命令，将文件保存为 5.6.3.xd 文件。单击软件右上角的"桌面预览"按钮，预览轮播图效果和页面链接效果，如图 5-147 所示。

图 5-147　页面交互效果

5.7　创意家居 App 界面标注

界面设计完成后，设计师要向开发人员提供各种图片素材，为了确保开发效果与设计效果一致，对界面进行标注就成为必要的工作。

5.7.1　Android 系统界面标注

在对设计稿进行标注时，首先要与开发人员沟通确定标注的单位。原则上来说，最好使用 dp 和 sp 进行标注。有些设计师对 dp 和 sp 理解不够，依然会选择使用 px 进行标注。这一点还是要看具体情况，如果在与开发人员沟通后，确定不会影响其开发或者其能够换算清楚，则可以考虑使用 px 进行标注。

图 5-148 所示为 Android 系统 App 的标注页面。

图 5-148　Android 系统 App 标注页面

按照不同的屏幕密度换算，图标标注尺寸及实际尺寸大小如表 5-5 所示。

表 5-5　按不同屏幕密度换算图标尺寸

屏幕密度	MDPI	HDPI	XHDPI	XXHDPI
分辨率	320px × 480px	480px × 800px	720px × 1280px	1080px × 1920px
密度数	160dpi	240dpi	320dpi	480dpi
图标				
切图名称	Icon_alipay.png	Icon_alipay.png	Icon_alipay.png	Icon_alipay.png
标注大小	40dp × 40dp	40dp × 40dp	40dp × 40dp	40dp × 40dp
实际尺寸	40px × 40px	60px × 60px	80px × 80px	120px × 120px
倍数	1x	1.5x	2x	3x

5.7.2　实战案例——使用 PxCook 标注创意家居 App 界面

视频：视频 \ 项目 5\5.7.2.mp4　　　　源文件：源文件 \ 项目 5\5.7.2.pxcp

● 案例分析

　　为 App 设计稿标注的主要目的是保证设计稿能够高品质呈现，同时也方便开发人员更好地完成界面适配工作。一个好的设计标注是 App 设计还原的有效保障，也是提高开发效率的保障。本案例将使用 PxCook 完成界面的标注，完成标注效果如图 5-149 所示。

图 5-149　界面标注效果

● 制作步骤

　　01 启动 Adobe XD 软件，将 5.6.3.xd 文件打开，如图 5-150 所示。单击软件左上角的 ≡ 图标，在弹出的菜单中执行"导出 >PxCook"命令，弹出"创建项目"对话框，设置各项参数，如图 5-151 所示。

图 5-150　打开文件　　　　　　　　　　　图 5-151　创建项目

02 单击"创建本地项目"按钮，在弹出的"导入画板"对话框中选择"首页"画板，取消"首页-1"和"首页-2"页面的勾选，如图 5-152 所示。单击"导入"按钮，将其他画板导入 PxCook 中，效果如图 5-153 所示。

图 5-152　选择"导入画板"　　　　　　　　图 5-153　导入其他画板

03 双击"首页"画板，进入"首页"页面，如图 5-154 所示。在软件顶部的标签栏中设置标注的各项参数，如图 5-155 所示。

图 5-154　进入"首页"页面　　　　　　　　图 5-155　设置标注参数

04 选中导航栏左侧的图标，单击左侧工具箱上的"生成尺寸标注"按钮，标注效果如图 5-156 所示。单击"距离标注"图标，将图标与 Logo 的距离标注出来，如图 5-157 所示。

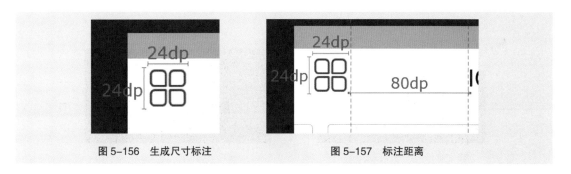

图 5-156　生成尺寸标注　　　　　　　　图 5-157　标注距离

05 将边距标注出来，效果如图 5-158 所示。同时选中图片和边框，单击"生成两个元素内部间距标注"按钮，标注效果如图 5-159 所示。

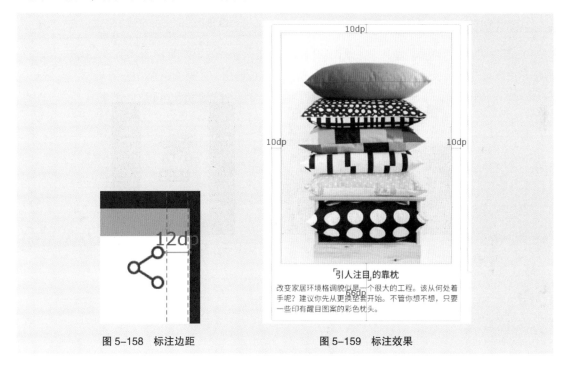

图 5-158　标注边距　　　　　　　　图 5-159　标注效果

06 选中页面中的文本，单击"生成文本样式标注"按钮，文本标注效果如图 5-160 所示。选中其他文本，分别完成标注操作，效果如图 5-161 所示。

图 5-160　标注文本 1　　　　　　　　图 5-161　标注文本 2

07 选中定制图标，单击"生成区域标注"按钮，标注效果如图 5-162 所示。选中"我的"图标，单击"生成区域标注"按钮，标注效果如图 5-163 所示。

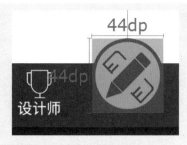

图 5-162　标注图标区域 1

图 5-163　标注图标区域 2

提示

　　如果想要对编组对象中的某一个对象进行标注，则在该组上单击鼠标右键，在弹出的快捷菜单中选择要标注的对象即可标注。

　　08 选中"点赞"图标，单击"矢量图层样式"按钮，标注效果如图 5-164 所示。执行"项目 > 导出标注图 > 当前画板"命令，将标注好的"首页"画板导出，效果如图 5-165 所示。

图 5-164　标注矢量图层样式

图 5-165　导出标注画板

提示

　　使用相同的方法，分别对其他画板进行标注。由于篇幅关系，这里就不再演示了。标注完成后分别导出为图片。

　　09 使用相同的方法，完成其他画板的标注，导出画板效果如图 5-166 所示。

图 5-166　其他画板标注效果

5.8 创意家居 App 界面的切图与适配

Android 系统的设备种类众多，因此设计师完成界面设计后，需要保证界面能够在每个设备上正确显示。要想实现这种效果，就需要开发人员做好不同设备的适配工作，需要设计师做好切图工作。

5.8.1 Android 系统中的"点 9"切图

"点 9"是针对 Android 系统开发的一种特殊的切图，之所以称之为"点 9"切图，是因为"点 9"切图的命名后缀为".9.png"，如 top_button.9.png。

Android 系统平台有很多尺寸的屏幕分辨率，"点 9"切图就是为了适配分辨率的多样性而诞生的一种切图。它可以将切图纵向或者横向不断拉伸，而保留像素的精密、质感、渐变，丝毫不影响细节，图 5-167 所示为微信聊天气泡应用"点 9"切图的效果。

图 5-167　"点 9"切图的应用

> **提示**
> "点 9"切图只是在技术端进行像素点的拉伸，既能将图片完美地显示在不同分辨率的屏幕上，又能减少不必要的图片资源。

当用户的切图内有内容，而切片大小需要根据内容多少来确定尺寸时，就可以使用"点 9"切图了。例如，切片里有文字，切片的大小会根据文字的多少撑开，那么这个切片就可以用"点 9"切图来做。

图 5-168 所示为对话气泡，气泡的尺寸随着内容而撑开。它的上边和左边有两个黑色的小点，这表明了切片的上边和左边为拉伸的区域。

操作：点一个 1px×1px 的黑点
位置：切片左边和上边外部的 1px

图 5-168　上边和左边为拉伸区域

图片的右边和下边有两条黑色的线，用来表示填充内容的区域。对话框顶部的三角形内不能有文字，因此右边的黑线并没有将三角形包含进去，填充区域如图 5-169 所示。

操作：一条高 1px、宽自定义的黑色线
位置：切片右边和下边外部的 1px

图 5-169　填充区域

在图片中添加内容后的效果如图 5-170 所示。

如果希望图片上下拉伸，可在切片左边外选择拉伸点的位置，点一个黑点。代表要上下拉伸横着的一行红色像素，如图 5-171 所示。

如果希望图片左右拉伸，可在切片上边外选择拉伸点的位置，点一个黑点。代表要左右拉伸竖着的一行红色像素，如图 5-172 所示。

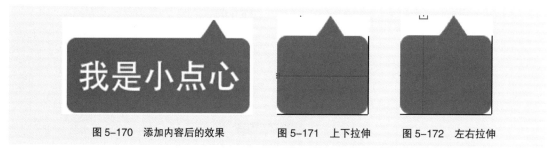

图 5-170　添加内容后的效果　　图 5-171　上下拉伸　　图 5-172　左右拉伸

如果在切图顶部三角形的两侧都添加一个黑点，如图 5-173 所示，则图片拉伸效果如图 5-174 所示。

图 5-173　添加黑点　　　　　图 5-174　拉伸效果

"点 9"切图在 Android 系统中应用得非常多，如图 5-175 所示为标签文本框的应用。

图 5-175　标签文本框应用

"点 9"切图是后期拉伸的，因此文件越小越好。在制作"点 9"切图时，设计师要与开发人员多沟通、多尝试。

制作"点 9"切图是件非常麻烦的事情，此处向读者推荐一个优秀的 Android 设计切图工具，可以在线自动生成"点 9"切图。

首先在浏览器地址栏中输入 http：//romannurik.github.io/AndroidAssetStudio/nine-patches.html，进入图 5-176 所示的页面。

图 5-176　进入网站页面

单击页面左上角的"Select image"按钮，如图 5-177 所示。选择要制作的图片文件后，在"Source density"选项下选择屏幕标准，如图 5-178 所示。

图 5-177　单击按钮　　　　图 5-178　选择输出屏幕标准

网站支持的图片格式有 PNG、JPG、GIF、SVG 和 ETC。

然后在"Drawable name"选项下的文本框中输入文件名，如图 5-179 所示。在"Stretch region"中单击"Auto-stretch"（自动伸缩）按钮，效果如图 5-180 所示。

图 5-179　输入文件名

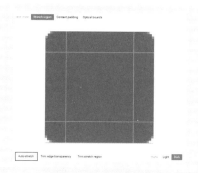

图 5-180　自动伸缩

用户可以通过单击下方的"Trim edge transparency"和"Trim stretch region"按钮，实现对修剪边缘透明度和拉伸区域的操作，如图 5-181 所示。

用户可以通过单击顶部的"Content padding"和"Optical bounds"按钮，实现对图片的内容填充和光学边界的设置，如图 5-182 所示。

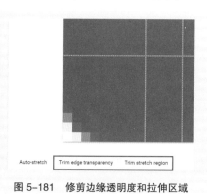

图 5-181　修剪边缘透明度和拉伸区域

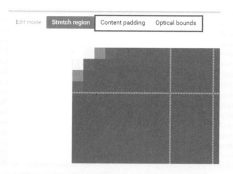

图 5-182　设置内容填充和光学边界

在页面右侧的"PREVIEW"面板中，勾选"With content"复选框，可以预览填充内容效果，如图 5-183 所示。单击右上角的"Download ZIP"按钮，即可将转换后的文件下载，如图 5-184 所示。

图 5-183　预览填充内容效果

图 5-184　下载转换文件

下载的文件是一个 ZIP 的压缩包，解压后可以看到生成的内容，如图 5-185 所示。每个文件夹中都存放着对应的"点 9"切图文件，如图 5-186 所示。

图 5-185　生成内容

图 5-186　存放 "点 9" 切图文件

5.8.2　如何做到一稿两用

所谓一稿两用，指的是设计师只需要设计 iOS 版本的设计稿，然后将 iOS 版本设计稿适配到 Android 设备上。

在 iOS 系统中，通常采用 750px×1334px 的尺寸作为标准尺寸，这个屏幕密度已经达到了 Android 系统下的 XHDPI 级别了。iOS 系统中的 750px×1334px 的 @2x 切图资源大小等于 Android 系统中的 XXHDPI（1080px×1920px）的切图资源大小，图 5-187 所示为 iOS@2x 与 Android XXHDPI 中图标切图的对比。

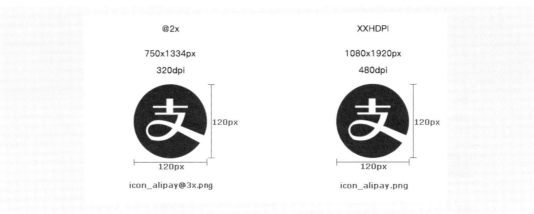

图 5-187　iOS @2x 的切图资源大小 =Android XXHDPI 的切图资源大小

设计师与开发人员进行充分沟通，并使用 iOS 的设计稿进行换算后，即可将设计稿用作 Android 系统开发。

设计师也可以将 750px×1334px 的设计稿等比例调整尺寸到 Android 系统的 1080px×1920px 下，并对各个控件进行调整，重新提供 dp 标注。也就是说，设计师需要提供两套标注，一套用在 iOS 系统，一套用在 Android 系统。

设计师使用 Cutterman 切图工具切 Android 图片时，如图 5-188 所示，会自动生成带有 drawable- 前缀和 mipmap- 前缀 2 种文件夹，如图 5-189 所示。这是因为 Android 系统的开发工具早期只有 drawable- 前缀文件夹，而没有 mipmap- 前缀文件夹。后来新的开发工具里面才有 mipmap- 前缀文件夹，此类文件夹专门用来保存 png 格式的图片。虽然 drawable- 前缀文件夹内也可以保存 png 格式的图片，但建议只保留带有 mipmap- 前缀的文件夹即可。

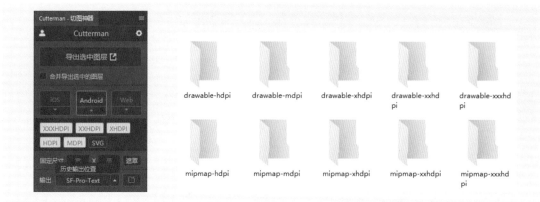

图 5-188　使用 Cutterman 切图　　　　　图 5-189　自动生成的文件夹

5.8.3　实战案例——完成"首页"界面素材切片输出

视频：视频 \ 项目 5\5.8.3.mp4　　　　　源文件：源文件 \ 项目 5\5.8.3\

● 案例分析

　　为了兼顾目前大部分的 Android 机型，设计师应向开发人员提供不同尺寸的切图。但这不仅会大大提升设计师的工作量，而且还会浪费很大的资源空间。

　　设计师也可以按照最大尺寸提供一套切图资源给开发人员使用，以适配各个屏幕密度。这里提到的"最大尺寸"指的并不是目前市场上 Android 手机中最大的尺寸，而是指目前流行的主流机型中的最大尺寸。本案例界面元素导出效果如图 5-190 所示。

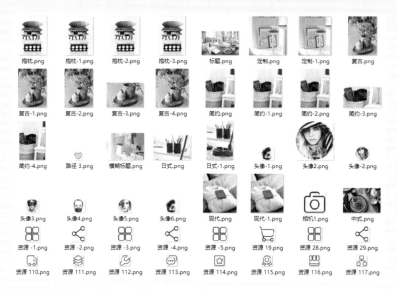

图 5-190　界面元素导出效果

● 制作步骤

　　01 启动 Adobe XD 软件，将 5.6.3.xd 文件打开，效果如图 5-191 所示。选中"首页"画板中的图片，勾选右侧面板底部的"添加导出标记"复选框，如图 5-192 所示。

移动 UI 设计实战（微课版）

192

图 5-191　打开文件　　　　　　　图 5-192　添加导出标记

　　02 将需要作为一个元素导出的对象编组，如图 5-193 所示。勾选右侧面板底部的"添加导出标记"复选框，如图 5-194 所示。

图 5-193　编组对象　　　　　　　图 5-194　添加导出标记

> **提示**
> 画板中图标元素已经在 5.4.4 节中完成导出操作，此步骤中不用再次导出。

　　03 使用相同的方法，为其他画板中需要导出的素材添加导出标记，单击软件界面左上角的三图标，在弹出的菜单中执行"导出 > 批处理"命令，如图 5-195 所示。设置弹出的"导出资源"对话框中各项参数，如图 5-196 所示。

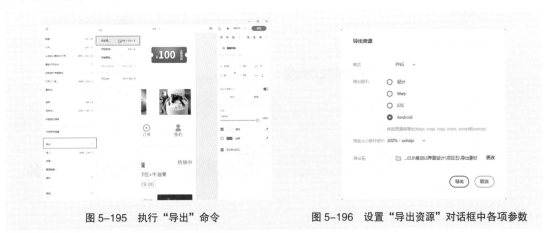

图 5-195　执行"导出"命令　　　　图 5-196　设置"导出资源"对话框中各项参数

04 单击"导出"按钮，即可将界面中开发人员使用的元素导出 6 种尺寸，以适配不同屏幕分辨率的设备，如图 5-197 所示。

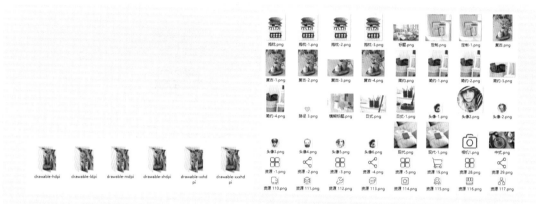

图 5-197 导出 6 种尺寸的界面元素

5.9 举一反三——设计制作创意家居 App 的其他页面

通过学习创意家居 App 界面设计的流程和技巧，读者应能够深层次地理解 Android 系统的设计规范以及移动 UI 设计的完整流程。接下来运用所学内容，完成该创意家居 App 的其他页面，如图 5-198 所示。

启动页　　　　　登录页　　　　　简约页　　　　　简介页

图 5-198 创意家居 App 其他页面

5.10　项目小结

本项目以 Android 系统界面设计规范为基础，详细讲解了一个创意家居 App 产品从策划到输出的整个过程。通过本章的学习，读者应掌握 Android 系统 App 界面设计制作规则，熟悉 App 草图、App 图标组、App 界面、App 交互和 App 切图适配等内容的制作要点，深刻体会色彩、布局、间距和文本对整个 App 界面设计的影响。

5.11　课后测试

完成项目内容学习后，接下来通过几道课后习题，检测一下读者学习 Android 系统界面设计的效果，同时加深对所学知识的理解。

5.11.1　选择题

1. 三星 Galaxy S10/S10+ 和华为 Mate 20 的屏幕分辨率达到了（　　）。

A. XHDPI　　　　　B. XXHDPI　　　　　C. XXXHDPI　　　　　D. MHDPI

2. （　　）方式非常有利于内容区域随手机屏幕分辨率不同而自动伸展宽高，方便适配所有的智能终端设备。

A. 宫格式布局　　　B. 卡片式布局　　　C. 列表式布局　　　D. 瀑布流布局

3. Android 系统中默认的中文字体是（　　）。

A. 微软雅黑　　　　B. 思源黑体　　　　C. 苹方　　　　　　D. 幼圆

4. Android 系统独立开发单位包括长度单位和（　　）。

A. 字体单位　　　　B. 距离单位　　　　C. 颜色单位　　　　D. 以上都不对

5. 下列选项中，（　　）不属于交互设计需要遵循的用户习惯。

A. 用户的经济条件　　　　　　　　　　B. 用户的文化背景

C. 坚持以用户为中心　　　　　　　　　D. 用户群的人体机能

5.11.2　判断题

1. 瀑布流布局方式有效降低了界面的复杂度，节省了空间，不再需要复杂的页面导航链接或者按钮了。（　　）

2. 为了保证用户在 Android 系统界面中阅读的流畅性，不要规定 Android 系统界面设计元素的间距。（　　）

3. Android 系统界面设计中的字号大小与 iOS 系统中的字号大小差不多，设计时不需要特别改动，保持一致即可。（　　）

4. Android 系统有很多机型，不同分辨率的手机对应的图标大小完全相同。（　　）

5. 如果说产品的 UI 设计是"形"，那么交互设计就是"法"，"形"与"法"融合共同提升产品的用户体验。（　　）

5.11.3 创新题

根据本项目前面所学习和了解到的知识，将项目 4 的 4.11.3 中的 App 案例适配到 Android 设备上，具体要求和规范如下。

● 内容 / 题材 / 形式

运行在 Android 设备上，以养老为题材的 App 界面。

● 设计要求

将为 iPhone X 设计的养老 App 界面正确适配到 Android 设备上，并确保各种尺寸符合规定且界面美观。